对接世界技能大赛技术标准创新系列教材

技工院校一体化课程教学改革焊接加工专业教材

钢结构焊接

人力资源社会保障部教材办公室　组织编写

中国劳动社会保障出版社

内容简介

本套教材为对接世赛标准深化一体化专业课程改革焊接加工专业教材，对接世赛焊接项目，学习目标融入世赛要求，学习内容对接世赛技能标准，考核评价方法参照世赛评分方案。

本书主要内容包括工字梁焊接、桁架焊接、牛腿焊接。

图书在版编目（CIP）数据

钢结构焊接 / 人力资源社会保障部教材办公室组织编写 . -- 北京：中国劳动社会保障出版社，2021
对接世界技能大赛技术标准创新系列教材　技工院校一体化课程教学改革焊接加工专业教材
ISBN 978-7-5167-4962-3

Ⅰ. ①钢…　Ⅱ. ①人…　Ⅲ. ①钢结构－焊接工艺－技工学校－教材　Ⅳ. ①TG457.11

中国版本图书馆 CIP 数据核字（2021）第 164881 号

中国劳动社会保障出版社出版发行
（北京市惠新东街 1 号　邮政编码：100029）
*
北京市艺辉印刷有限公司印刷装订　新华书店经销
880 毫米 ×1230 毫米　16 开本　14.75 印张　345 千字
2021 年 9 月第 1 版　2025 年 1 月第 5 次印刷
定价：41.00 元

营销中心电话：400-606-6496
出版社网址：http://www.class.com.cn
http://jg.class.com.cn

对接世界技能大赛技术标准创新系列教材

编审委员会

主　　任：刘　康

副 主 任：张　斌　王晓君　刘新昌　冯　政

委　　员：王　飞　翟　涛　杨　奕　张　伟　赵庆鹏
姜华平　杜庚星　王鸿飞

焊接加工专业课程改革工作小组

课 改 校：宁波技师学院　攀枝花技师学院　承德技师学院
黑龙江技师学院　徐州工程机械技师学院
山东工程技师学院　广西工业技师学院　首钢技师学院

技术指导：刘景凤

编　　辑：吴　岚　盛秀芳

本书编审人员

主　　编：黄　海

副 主 编：裘红军　黄龙鹏

参　　编：黄　煌　邱　霞　雷　肖　吴从跃　高华锋　周东辉

主　　审：米光明

序

世界技能大赛由世界技能组织每两年举办一届，是迄今全球地位最高、规模最大、影响力最广的职业技能竞赛，被誉为“世界技能奥林匹克”。我国于2010年加入世界技能组织，先后参加了五届世界技能大赛，累计取得36金、29银、20铜和58个优胜奖的优异成绩。第46届世界技能大赛将在我国上海举办。2019年9月，习近平总书记对我国选手在第45届世界技能大赛上取得佳绩作出重要指示，并强调，劳动者素质对一个国家、一个民族发展至关重要。技术工人队伍是支撑中国制造、中国创造的重要基础，对推动经济高质量发展具有重要作用。要健全技能人才培养、使用、评价、激励制度，大力发展技工教育，大规模开展职业技能培训，加快培养大批高素质劳动者和技术技能人才。要在全社会弘扬精益求精的工匠精神，激励广大青年走技能成才、技能报国之路。

为充分借鉴世界技能大赛先进理念、技术标准和评价体系，突出“高、精、尖、缺”导向，促进技工教育与世界先进标准接轨，完善我国技能人才培养模式，全面提升技能人才培养质量，人力资源社会保障部于2019年4月启动了世界技能大赛成果转化工作。根据成果转化工作方案，成立了由世界技能大赛中国集训基地、一体化课改学校，以及竞赛项目中国技术指导专家、企业专家、出版集团资深编辑组成的对接世界技能大赛技术标准深化专业课程改革工作小组，按照创新开发新专业、升级改造传统专业、深化一体化专业课程改革三种对接转化原则，以专业培养目标对接职业描述、专业课程对接世界技能标准、课程考核与评价对接评分方案等多种操作模式和路径，同时融入健康与安全、绿色与环保及可持续发展理念，开发与世界技能大赛项目对接的专业人才培养方案、教材及配套教学资源。首批对接 19 个世界技能大赛项目共 12 个专业的成果将于 2020—2021 年陆续出版，主要用于技工院校日常专业教学工作中，充分发挥世界技能大赛成果转化对技工院校技能人才的引领示范作用。在总结经验及调研的基础上选择新的对接项目，陆续启动第二批等世界技能大赛成果转化工作。

希望全国技工院校将对接世界技能大赛技术标准创新系列教材，作为深化专业课程建设、创新人才培养模式、提高人才培养质量的重要抓手，进一步推动教学改革，坚持高端引领，促进内涵发展，提升办学质量，为加快培养高水平的技能人才作出新的更大贡献！

2020年11月

目　　录

学习任务一　工字梁焊接

学习目标

1. 能根据焊接作业环境需要，选择、穿戴并维护个人防护装备。

2. 能读懂生产任务单、工字梁图样和焊接工艺文件，明确工作任务、技术要求和质量标准。

3. 能通过技术交底和有效沟通，明确工字梁的焊接方法、焊接顺序、质量控制关键点、特殊要求、质量检查方法等，并确定相应的预防和控制措施。

4. 能根据焊接工艺文件核对焊接材料的型号、规格、数量，并按要求烘干、保温、保管。

5. 能根据焊接工艺文件完成焊前准备工作，并确认作业场地和周围环境达到劳动安全与职业健康要求。

6. 能根据图样和焊接工艺文件确认装配质量符合要求、预防措施到位。

7. 能按要求使用设备和工具，严格执行焊接工艺文件，运用多种位置焊接操作技能，完成焊接作业，焊接过程中能采取有效措施预防及减少焊接缺陷。

8. 能按要求进行焊接接头的清理、自检、表面缺陷修复；能依据焊缝返修通知单和返修工艺文件进行焊接缺陷定位、清理及返修；能填写自检记录表。

9. 能与相关人员进行有效沟通，获取解决问题的方法和措施，解决工作过程中的常见问题。

10. 能对设备和工具等进行日常维护及保养。

180 学时

工作情景描述

某车间接到小型龙门架（见图 1–1）横梁结构件的焊接生产订单，共计六根。该结构件为工字梁（见图 1–2），由一块腹板和两块翼缘板组成，材料为 Q235 钢。车间要求焊工班组完成此结构件的生产任务，工时为 24 h。

图 1-1　小型龙门架

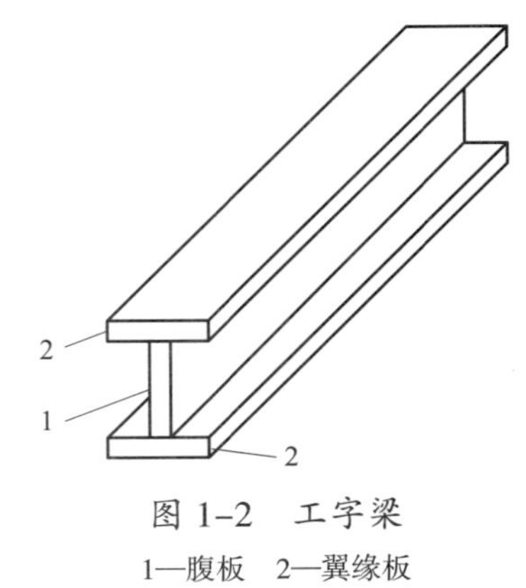

图 1-2　工字梁

1—腹板　2—翼缘板

小贴士

焊接结构的基本构件

焊接结构是将各种经过轧制的金属材料及铸件、锻件等坯料采用焊接方法制成能承受一定载荷的金属结构。焊接结构的基本构件主要包括焊接梁、柱、桁架、容器、机器零部件、薄板壳体等结构。其中，焊接梁是由钢板或型钢焊接成形的结构件，主要截面形式是工字形和箱形，一般称为工字梁和箱形梁，在生产、生活中应用十分广泛。常见焊接结构如图 1-3 所示。

a)　b)　c)　d)

图 1-3　常见焊接结构

a）桥梁　b）厂房　c）中国国家体育场（鸟巢）　d）巴黎埃菲尔铁塔

工作流程与活动

学习活动 1　明确工作任务

学习活动 2　技能准备

学习活动 3　制订计划

学习活动 4　任务实施

学习活动 5　焊接质量检验与返修

学习活动 6　总结与评价

学习活动 1　明确工作任务

学习目标

1. 能通过生产任务单，准确概括、复述任务内容及要求。
2. 能正确识读工字梁的图样和技术要求。
3. 能完整描述焊接工字梁所用材料的牌号、性能、焊接性。
4. 能根据图样要求，正确识读图上标注的焊缝符号及其含义。

学习活动描述

通过识读工字梁焊接工艺文件，分析工字梁结构、尺寸、焊接材料及技术要求，明确工字梁焊接的工作任务。

子活动与建议学时

子活动 1	工字梁焊接工艺文件识读	20 学时
子活动 2	工字梁认知	7 学时
子活动 3	学习活动评价	1 学时

学习准备

资料与材料：工作页、技术标准、焊接工艺文件、专业书籍、教学视频及课件等。

设备与工具：多媒体教学设备等。

子活动 1　工字梁焊接工艺文件识读

工字梁焊接工艺文件包括生产任务单、图样、焊接工艺卡等，内容涉及任务要求、生产设备、焊接方法、焊接参数、施工人员资质等。

学习过程

一、领取焊接工艺文件

1．生产任务单

仔细阅读生产任务单（见表 1–1–1），按照生产任务单提供的基本信息，查阅相关资料，明确工作任务的内容和要求。

表 1–1–1　　生产任务单

单　　号：________________　　开单时间：______年___月___日___时
开单部门：________________　　开 单 人：________________
接 单 人：________________　　签　　名：________________

<table>
<tr><th>产品名称</th><th>材料</th><th>数量</th><th colspan="2">技术标准、质量要求</th></tr>
<tr><td>工字梁</td><td>Q235 钢</td><td>6</td><td colspan="2">按图样要求</td></tr>
<tr><td>任务细则</td><td colspan="4">1．到仓库领取相应的材料
2．根据现场情况选用合适的工具、量具和设备
3．根据加工工艺进行加工，交付检验
4．填写生产任务单，清理工作场地，完成工具、量具和设备的维护及保养</td></tr>
<tr><td>任务类型</td><td colspan="2">焊接加工</td><td>完成工时</td><td>24 h</td></tr>
<tr><td>领取材料</td><td colspan="2">钢板：Q235 钢，板厚为 10 mm
焊条：E4303，ϕ3.2 mm、ϕ4.0 mm</td><td colspan="2" rowspan="2">仓库管理员（签名）
年　月　日</td></tr>
<tr><td>领取设备
及工具、量具</td><td colspan="2">1．焊割设备：焊条电弧焊设备、气割设备
2．劳动保护用品：焊接防护具、焊接防护服等
3．焊接辅助工具：活扳手、钢丝刷、敲渣锤、角向磨光机、錾子、锉刀、锤子、焊条保温筒、石笔、放大镜、样冲等
4．装配工具和夹具：划针、螺旋夹具、装配平台、定位挡铁等
5．测量工具：钢直尺、直角尺、钢卷尺、焊接检验尺、游标卡尺等</td></tr>
<tr><td>完成质量
（小组评价）</td><td colspan="2"></td><td colspan="2">班组长（签名）
年　月　日</td></tr>
<tr><td>用户意见
（教师评价）</td><td colspan="2"></td><td colspan="2">用户（签名）
年　月　日</td></tr>
<tr><td>改进措施
（反馈改良）</td><td colspan="4"></td></tr>
</table>

注：生产任务单与零件图样、焊接工艺卡一起领取。

2. 工字梁图样（见图 1-1-1）

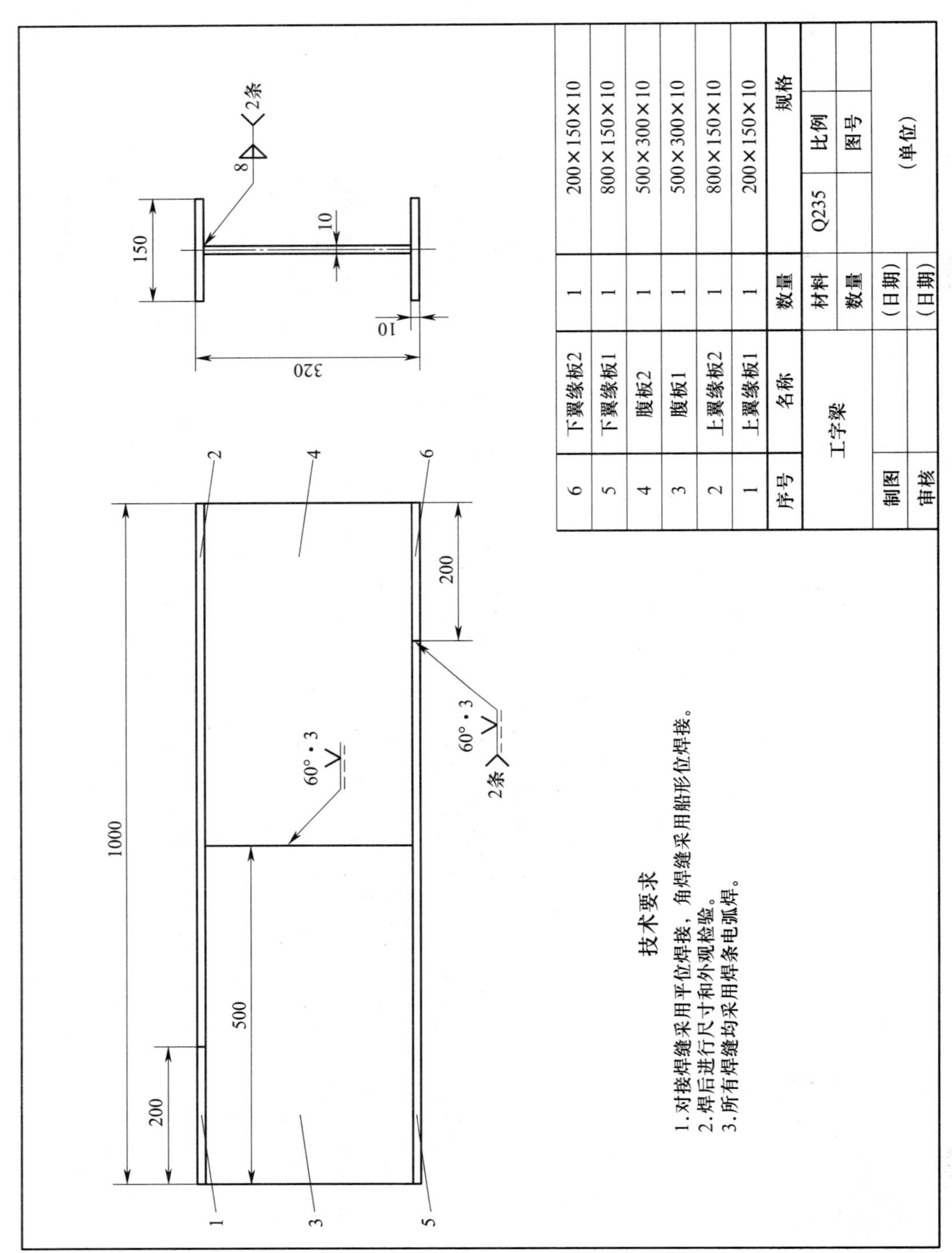

6	下翼缘板2	1	200×150×10
5	下翼缘板1	1	800×150×10
4	腹板2	1	500×300×10
3	腹板1	1	500×300×10
2	上翼缘板2	1	800×150×10
1	上翼缘板1	1	200×150×10
序号	名称	数量	规格

工字梁		材料	Q235	比例	
		数量		图号	
制图		（日期）	（单位）		
审核		（日期）			

图 1-1-1　工字梁图样

3．焊接工艺卡

焊接工艺卡是指导焊工利用材料和工具，按照一定的装配及焊接步骤将产品生产出来并满足质量要求的指导性文件，见表1–1–2、表1–1–3。

表1–1–2　　焊接工艺卡（1）

<table>
<tr><td>工程名称</td><td colspan="3">工字梁V形坡口板对接平焊</td><td>工艺卡编号</td><td colspan="3">01</td></tr>
<tr><td>材料</td><td>Q235钢</td><td>规格</td><td>板厚为10 mm</td><td>焊接方法</td><td>焊条电弧焊</td><td>焊工资格</td><td>特种作业操作证</td></tr>
<tr><td>焊评编号</td><td colspan="2">无</td><td>外观检验</td><td colspan="2">按照国家标准《钢结构工程施工质量验收标准》（GB 50205—2020），采用外观检验，检验比例为100%</td><td>合格等级</td><td>Ⅱ级</td></tr>
<tr><td>适用范围</td><td colspan="7">低碳钢板V形坡口对接平焊焊缝</td></tr>
<tr><td>焊接层次</td><td>焊接电流/A</td><td>电弧电压/V</td><td>焊条直径/mm</td><td>焊接速度/（mm/min）</td><td colspan="2">焊接材料</td><td>电源种类和极性</td></tr>
<tr><td>打底层</td><td>100～120</td><td>24～25</td><td>3.2</td><td>80～90</td><td colspan="2" rowspan="3">E4303</td><td rowspan="3">直流反接</td></tr>
<tr><td>填充层</td><td>150～170</td><td>26～27</td><td rowspan="2">4.0</td><td>180～200</td></tr>
<tr><td>盖面层</td><td>140～160</td><td>25～27</td><td>170～190</td></tr>
<tr><td>接头及坡口形式</td><td colspan="3">60°
10
3</td><td>焊接技术要求</td><td colspan="3">1．在坡口及坡口边缘内、外侧各20 mm范围内，清除油污、锈蚀、氧化皮，直至露出金属光泽
2．焊缝余高：正面为0～3 mm，背面为0～2 mm
3．根部焊透
4．单面焊双面成形
5．焊缝外观不允许有裂纹、未熔合、焊瘤、气孔、夹渣等任何缺陷，尺寸符合图样要求</td></tr>
</table>

表1–1–3　　焊接工艺卡（2）

<table>
<tr><td>工程名称</td><td colspan="3">工字梁T形接头平角焊</td><td>工艺卡编号</td><td colspan="3">02</td></tr>
<tr><td>材料</td><td>Q235钢</td><td>规格</td><td>板厚为10 mm</td><td>焊接方法</td><td>焊条电弧焊</td><td>焊工资格</td><td>特种作业操作证</td></tr>
<tr><td>焊评编号</td><td colspan="2">无</td><td>外观检验</td><td colspan="2">按照国家标准《钢结构工程施工质量验收标准》（GB 50205—2020），采用外观检验，检验比例为100%</td><td>合格等级</td><td>Ⅱ级</td></tr>
<tr><td>适用范围</td><td colspan="7">低碳钢板T形接头平角焊焊缝</td></tr>
</table>

续表

<table>
<tr><th>焊接层次</th><th>焊接电流 /A</th><th>电弧电压 /V</th><th>焊条直径 /mm</th><th>焊接速度 /（mm/min）</th><th>焊接材料</th><th>电源种类和极性</th></tr>
<tr><td>第一层</td><td>120 ～ 140</td><td>25 ～ 26</td><td rowspan="3">3.2</td><td>180 ～ 200</td><td rowspan="3">E4303</td><td rowspan="3">直流反接</td></tr>
<tr><td>第二层
第一道</td><td>110 ～ 130</td><td>24 ～ 25</td><td>170 ～ 190</td></tr>
<tr><td>第二层
第二道</td><td>110 ～ 130</td><td>24 ～ 25</td><td>180 ～ 200</td></tr>
<tr><td>接头及
坡口形式</td><td colspan="3">10
3 3
2 1 1 2
10</td><td>焊接技术要求</td><td colspan="2">1．在坡口及坡口边缘内、外侧各 20 mm 范围内，清除油污、锈蚀、氧化皮，直至露出金属光泽
2．根部熔深大于 2 mm
3．焊缝外观不允许有裂纹、未熔合、焊瘤、气孔、夹渣等任何缺陷，尺寸符合图样要求</td></tr>
</table>

二、识读焊接工艺文件

1．仔细阅读工字梁生产任务单，结合工作情景描述，叙述本工作任务的内容和要求。

2．根据工字梁图样，分析工字梁结构、尺寸及技术要求，完成下列问题。

（1）工字梁零件总数为________个，从结构上看它由________________和________________组成。

（2）工字梁总体尺寸：总长度为________mm，截面高度为________mm，截面宽度为________mm。

（3）工字梁材料为________。

（4）在表 1–1–4 中填写工字梁零件尺寸规格。

表 1–1–4　工字梁零件尺寸规格

序号	零件名称	尺寸规格（长 × 宽 × 板厚）	数量
1			
2			
3			

（5）图样中，翼缘板拼接焊缝与腹板拼接焊缝的间距有多大？查阅 GB 50661—2011，本学习任务的工字梁翼缘板与腹板拼接截面错位间距是否合理？相关焊缝间距有什么规定？

（6）查阅知识链接，完成图样的焊缝尺寸标注识读并填写表 1-1-5。

表 1-1-5　图样焊缝尺寸标注识读

序号	标注图示	含义
1	60°・3；111/2条	坡口角度为________，根部间隙为________mm 的 V 形焊缝，相同焊缝数量为________条，焊接方法为________________
2	8；4条/111	焊脚尺寸为________mm 的双面角焊缝，相同焊缝数量为________条，焊接方法为________________

3．根据焊接工艺卡，分析本学习任务主要工序、焊接参数、操作要求及所用设备等内容，完成下列问题。

（1）工字梁翼缘板平对接拼焊及腹板平对接拼焊

1）拼焊焊缝采用焊条电弧焊________形坡口对接________焊。

2）所选用的焊接材料为________，型号为________，直径为________mm、________mm。

3）焊接层数为________层，分别为____________、____________和____________，施焊过程所用焊接参数应符合焊接工艺卡相关规定。

4）焊接电源为________焊机，其极性为________________。

5）焊缝余高要求________mm，根部必须________。

6）焊缝外观不允许有________、____________、________、________、________等任何缺陷。

（2）工字梁翼缘板与腹板 T 形接头组焊

1）组焊焊缝采用焊条电弧焊 T 形接头____________。

2）所选用的焊接材料为________，型号为________，直径为________mm。

3）焊缝数量为________层________道，第一层焊缝数为________道，第二层焊缝数为________道，施焊过程所用焊接参数应符合焊接工艺卡相关规定。

4）焊接电源为________焊机，其极性为________________。

5）焊脚尺寸为________mm，根部熔深大于________mm。

6）焊缝外观不允许有________、____________、________、________、________等任何缺陷。

知识链接

用手机扫描二维码，查阅“焊缝符号及相关工艺方法代号”的相关知识。

子活动 2　工字梁认知

工字梁是一种典型的基本结构件，广泛应用于国民经济建设的各领域，如要求承载能力大、截面稳定性好、跨度大的建筑、桥梁、机器构件等。本活动将以工字梁作为研究对象，重点研究及分析其结构、分类、材料和特点。

学习过程

一、工程常用梁的概述

以弯曲变形为主要变形的构件称为梁。梁在竖向载荷作用下产生弯曲变形，一侧受拉，而另一侧受压，同时通过截面之间的相互错动传递剪力，最终将作用在其上的竖向载荷传递至两边支座。梁的分类十分复杂，从材料上分，工程中常用的有型钢梁、钢筋混凝土梁、木梁、钢包混凝土梁等。

焊接结构梁通常是由钢板或型钢焊接成形的结构件，主要截面形式是工字形和箱形，一般称为工字梁和箱形梁。工字形截面的型钢主要分为工字钢和 H 型钢（见图 1–1–2），其结构均由翼缘板和腹板组成，上面的翼缘板称为上翼缘，下面的翼缘板称为下翼缘，连接两翼缘的板称为腹板。工字钢上、下翼缘板内表面有倾斜度，翼缘外薄而内厚，腹板竖直放置与水平放置所对应的承载截面的力学性能差距很大，用作横梁时的抗弯、抗扭性能较差；H 型钢的翼缘板是等截面的，是一种截面积分配更加优化、强重比更加合理的经济断面高效型材，各方向上都具有抗弯能力强的特点，承载能力更强，应用范围更广，可用轧制或焊接两种方法生产。

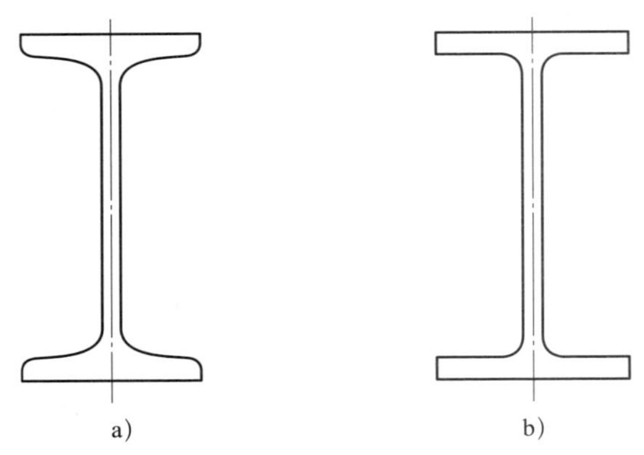

图 1–1–2　工字钢和 H 型钢

a）工字钢截面　b）H 型钢截面

根据表 1-1-6 所列工程常用梁，填写相关梁的结构类型与材料。

表 1-1-6　工程常用梁

图示	结构类型	结构材料

二、工字梁焊接的材料及性能

工字梁所使用的钢材应具备完善的焊接性数据、指导性焊接工艺、热加工和热处理工艺参数、相应钢材的焊接接头性能数据等资料。根据国家标准《钢结构设计标准》（GB 50017—2017）和《低合金高强度结构钢》（GB/T 1591—2018）的规定，对于承重结构的钢材宜采用 Q235 钢、Q355 钢、Q390 钢、Q420 钢、Q460 钢。除 Q235 钢为碳素结构钢外，其余四种钢为低合金高强度结构钢。

1．本学习任务焊接工艺卡规定，工字梁常用材料为 Q235 钢。根据碳素结构钢牌号的表示方法，试说明下列牌号的具体含义。

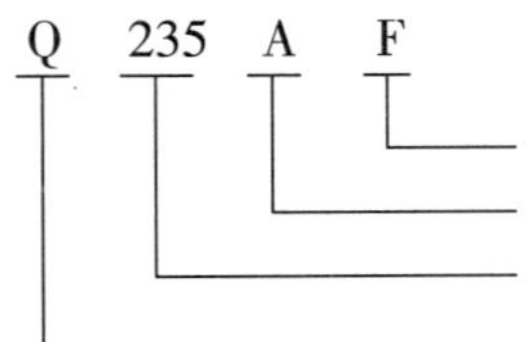

小贴士

碳素结构钢的牌号表示方法和符号

碳素结构钢的牌号由代表屈服强度的字母、屈服强度数值、质量等级符号、脱氧方法符号四个部分按顺序组成。质量等级按硫、磷含量的多少分为 A、B、C、D 四级，其中 A 级的硫、磷含量最高，D 级的硫、磷含量最低。脱氧方法符号用 F、Z、TZ 表示，F 是沸腾钢、Z 是镇静钢、TZ 是特殊镇静钢。在牌号组成表示方法中，符号 Z 和 TZ 可以省略。

2．查阅资料，回答下列问题。

（1）____________________是指被焊钢材在采用一定的焊接方法、焊接材料、焊接参数及结构形式要求的条件下，获得优质焊接接头的难易程度。

（2）Q235AF 按含碳量分类，属于________钢，含碳量________，具有较高的强度，良好的塑性和韧性。

3．阅读表 1–1–7 及相关资料，回答下列问题。

表 1–1–7　常用低碳钢焊接材料的选择

钢材牌号	焊条电弧焊		埋弧焊	气体保护焊	电渣焊
	一般结构 （包括厚度不大的低压容器）	受动载荷，厚板， 中、高压及低温容器			
Q215 Q235	E4313、E4303、E4320、E4311	E4316、E4315 （或 E5016、E5015）	H08A H08MnA HJ431 HJ430	ER49–1 ER50–6	H10MnSi H10Mn2 HJ360
Q275	E5016、E5015	E5016、E5015	H08MnA HJ431 HJ430	ER49–1 ER50–6	H10MnSi H10Mn2 HJ360
08、10、15、20	E4303、E4320、E4310	E4316、E4315 （或 E5016、E5015）	H08A H08MnA HJ431 HJ430	ER49–1 ER50–6	H10MnSi H10Mn2 HJ360

续表

钢材牌号	焊条电弧焊		埋弧焊	气体保护焊	电渣焊
	一般结构（包括厚度不大的低压容器）	受动载荷，厚板，中、高压及低温容器			
Q245R（20R、20g）、25	E4303	E4316、E4315（或 E5016、E5015）	H10Mn2 H08MnA HJ431 HJ430	ER49-1 ER50-6	H10MnSi H10Mn2 HJ360

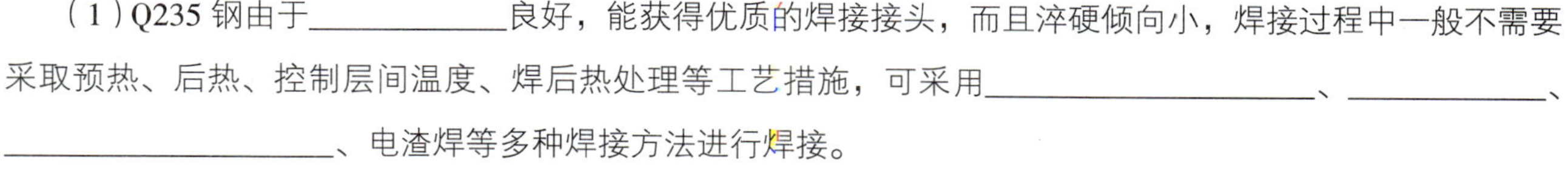

（1）Q235 钢由于__________良好，能获得优质的焊接接头，而且淬硬倾向小，焊接过程中一般不需要采取预热、后热、控制层间温度、焊后热处理等工艺措施，可采用______________、__________、______________、电渣焊等多种焊接方法进行焊接。

（2）Q235 钢若采用 E4303 型焊条进行焊接，焊条型号中的 E 表示_______；43 表示熔敷金属最小抗拉强度为_______MPa；03 表示药皮类型为_______型，焊条适用于全位置焊，采用交流或直流正、反接。

4．某企业需为用户加工四根受力复杂、结构较重要的钢制房梁（见图 1-1-3），设计要求钢梁屈服强度达到 200 MPa 以上，在满足使用条件的情况下，完成以下引导问题。

图 1-1-3　钢制房梁简图

1—上翼缘板　2—加劲肋板　3—腹板　4—下翼缘板

（1）试述选择制造钢制房梁材料的原则，并选择合适的材料。

（2）简要分析钢制房梁的结构特点。

子活动 3　学习活动评价

根据学习活动 1 的学习过程，完成本学习活动评价，将评价结果填入表 1–1–8 中。

表 1–1–8　学习活动评价

<table>
<tr><td colspan="2">学习活动名称</td><td></td><td>小组名称</td><td></td><td>组员姓名</td><td colspan="4"></td></tr>
<tr><td colspan="2" rowspan="3">评价项目</td><td rowspan="3">评价内容</td><td rowspan="3" colspan="2">评价标准</td><td rowspan="3">分值</td><td colspan="3">评价方式</td><td rowspan="3">得分小计</td></tr>
<tr><td>自我评价</td><td>小组评价</td><td>教师评价</td></tr>
<tr><td>10%</td><td>40%</td><td>50%</td></tr>
<tr><td rowspan="4">关键能力</td><td rowspan="2">社会能力</td><td>团队协作能力</td><td colspan="2">团队合作意识强，有效发挥个人作用</td><td>10</td><td></td><td></td><td></td><td></td></tr>
<tr><td>沟通表达能力</td><td colspan="2">沟通能力强，表达准确、规范</td><td>10</td><td></td><td></td><td></td><td></td></tr>
<tr><td rowspan="2">方法能力</td><td>学习方法能力</td><td colspan="2">自主学习能力强，学习方法正确</td><td>10</td><td></td><td></td><td></td><td></td></tr>
<tr><td>解决问题能力</td><td colspan="2">解决问题方法正确，措施得当</td><td>10</td><td></td><td></td><td></td><td></td></tr>
<tr><td colspan="2" rowspan="2">专业能力</td><td>安全文明操作能力</td><td colspan="2">劳动防护用品穿戴整齐，劳动纪律贯彻严格，“6S”管理开展有序</td><td>15</td><td></td><td></td><td></td><td></td></tr>
<tr><td>工艺文件识读能力</td><td colspan="2">充分明确任务内容、技术要求、质量要求，正确描述材料牌号、性能、焊接性，及时完成工作页有关习题</td><td>45</td><td></td><td></td><td></td><td></td></tr>
<tr><td colspan="2">指导教师综合评价</td><td colspan="8">得分总计：

指导教师签名：　　　　　　　　　　日期：</td></tr>
</table>

学习活动2　技能准备

学习目标

1. 能理解焊条电弧焊的二作原理、特点与应用，根据焊条电弧焊工艺选择焊接参数。

2. 能根据焊条电弧焊的特点完成焊前准备工作，并确认作业场地与周围环境达到劳动安全和职业健康要求。

3. 能按要求使用设备和工具，严格执行焊接工艺文件，采用焊条电弧焊的方法完成低碳钢板 V 形坡口对接平焊焊缝、低碳钢板 T 形接头平角焊焊缝的焊接。焊接过程中能采取有效措施预防和减少焊接缺陷、焊接变形和焊接应力。

4. 能按要求进行焊接接头的清理、自检。

5. 能对焊条电弧焊设备和工具等进行日常维护及保养。

学习活动描述

根据图样及焊接工艺卡的要求，工字梁将采用焊条电弧焊的方法进行焊接。作为初学者，掌握焊条电弧焊的基本操作技能是学习其他位置焊接技术的基础。同时，针对工字梁焊接所涉及的钢板 V 形坡口对接平焊及 T 形接头平角焊进行训练，为后续工字梁的焊接做好技能准备。

子活动与建议学时

子活动 1	焊条电弧焊认知	7 学时
子活动 2	焊条电弧焊基本操作	10 学时
子活动 3	焊条电弧焊 V 形坡口板对接平焊	20 学时

子活动 4　焊条电弧焊 T 形接头平角焊　　18 学时

子活动 5　学习活动评价　　1 学时

学习准备

资料与材料：工作页、技术标准、焊接工艺文件、专业书籍、钢板、焊条等。

设备与工具：多媒体教学设备、焊条电弧焊设备、焊接辅助工具和夹具、通风及除尘设备等。

子活动 1　焊条电弧焊认知

焊条电弧焊自 20 世纪初发展到今天已有一百余年的历史，直到 20 世纪 40 年代才形成较完整的焊接工艺体系，目前仍然是应用最广泛的一种焊接方法。认识一种焊接方法，通常从其原理、特点、设备组成、常用焊接材料特点、焊接工艺等方面入手。

学习过程

一、焊条电弧焊原理、特点及应用

1．焊条电弧焊的焊接回路如图 1-2-1 所示，请在图下指定位置填出组成焊接回路的各部分名称，其中焊接________是负载，____________为其提供电能，______________则用于连接________与_____和_____。

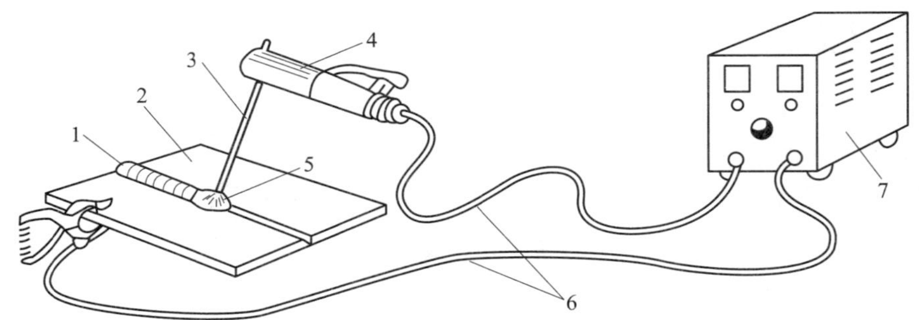

图 1-2-1　焊条电弧焊的焊接回路

1—________　2—________　3—________　4—________

5—________　6—________　7—________

2．观察图 1-2-2，试分析焊条电弧焊的工作原理。

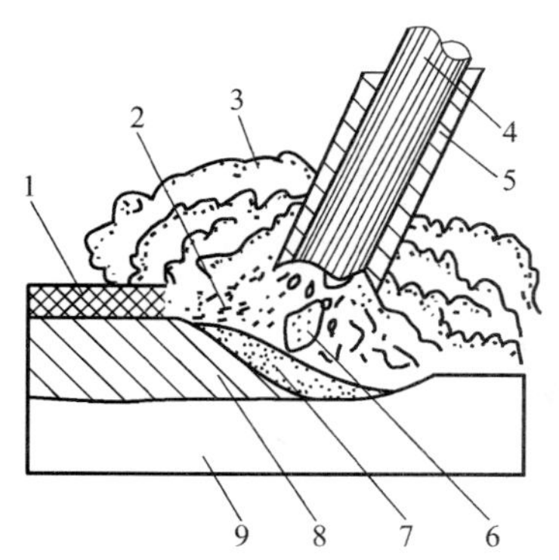

图 1-2-2　焊条电弧焊的工作原理

1—固态渣壳　2—液态熔渣　3—气体　4—焊芯　5—药皮　6—金属熔滴　7—熔池　8—焊缝　9—焊件

（1）通过焊接电源，焊接电弧产生在________和________之间。

（2）在电弧高温作用下，________端部熔化形成的液态金属滴过渡到________，与局部熔化的母材金属形成________。

（3）焊条药皮熔化过程中产生________和________，可以保护焊接区的电弧和熔池，同时与熔化的金属发生一些冶金反应，随着电弧以适当的电弧长度和焊接速度在焊件上向前移动，药皮熔化冷却产生________来保护焊缝，熔池液态金属逐步冷却结晶，形成________。

3．查阅资料，分析焊条电弧焊的特点，填写表 1-2-1。

表 1-2-1　焊条电弧焊的特点

优点	缺点

4．通过回答下列问题，明确焊条电弧焊的应用范围。

（1）可焊焊件的位置及厚度范围：适用于____________焊接，焊件厚度在________mm 以上。

（2）可焊金属范围：能焊的金属有____；能焊但可能需要预热、后热或者两者兼用的金属有________________________________等；不能焊的低熔点金属如____________________及其合金，难熔金属如____________________等。

（3）最适合的产品结构和生产性质：________________的产品，结构上具有各种空间位置、不易实现

____________或____________焊接的焊缝；________、小批量的焊接产品，以及安装或者修理部门因焊接位置不定，焊接工作量相对较________的焊缝。

5．观察下列焊接加工实例（见图 1–2–3 和图 1–2–4），试分析下面两个实例的工作场景以及实际生产中为什么多数情况下需采用焊条电弧焊进行焊接，以小组为单位进行讨论并汇报。

实例一：

图 1–2–3　焊接加工实例（一）

应用分析：

实例二：

图 1–2–4　焊接加工实例（二）

应用分析：

二、焊条电弧焊设备及工具

焊条电弧焊的设备是弧焊电源，即通常所说的电焊机，为区别其他电源，故称为弧焊电源。弧焊电源是指在焊接电路中为焊接电弧提供电能的装置。

1．查阅弧焊电源符号代码（见表 1–2–2），完成下列问题。

表 1–2–2　　弧焊电源部分产品符号代码的含义

第 1 项		第 2 项		第 3 项		第 4 项	
代表字母	大类名称	代表字母	小类名称	代表字母	附注特征	数字序号	系列序号
B	交流弧焊机（弧焊变压器）	X P	下降特性 平特性	L	高空载电压	省略 1 2 3 4 5 6	磁放大器或饱和电抗器式 动铁心式 串联电抗器式 动圈式 晶闸管式 变换抽头式
A	机械驱动的弧焊机（弧焊发电机）	X P D	下降特性 平特性 多特性	省略 D Q C T H	电动机驱动 单纯弧焊发电机 汽油机驱动 柴油机驱动 拖拉机驱动 汽车驱动	省略 1 2	直流 交流发电机整流 交流
Z	直流弧焊机（弧焊整流器）	X P D	下降特性 平特性 多特性	省略 M L E	一般电源 脉冲电源 高空载电压 交直流两用电源	省略 1 2 3 4 5 6 7	磁放大器或饱和电抗器式 动铁心式 动线圈式 晶体管式 晶闸管式 变换抽头式 逆变式

（1）弧焊电源按结构原理不同可分为________弧焊电源、________弧焊电源和逆变式弧焊电源三种类型；按电流性质不同可分为________电源和________电源。

（2）交流弧焊电源一般指____________________，是一种最简单和常用的弧焊电源；直流弧焊电源有________________________和____________________两种。

2．国家标准《电焊机型号编制方法》（GB/T 10249—2010）规定，弧焊电源型号采用汉语拼音字母和阿拉伯数字表示，弧焊电源型号的各项编排次序及含义如图 1–2–5 所示。

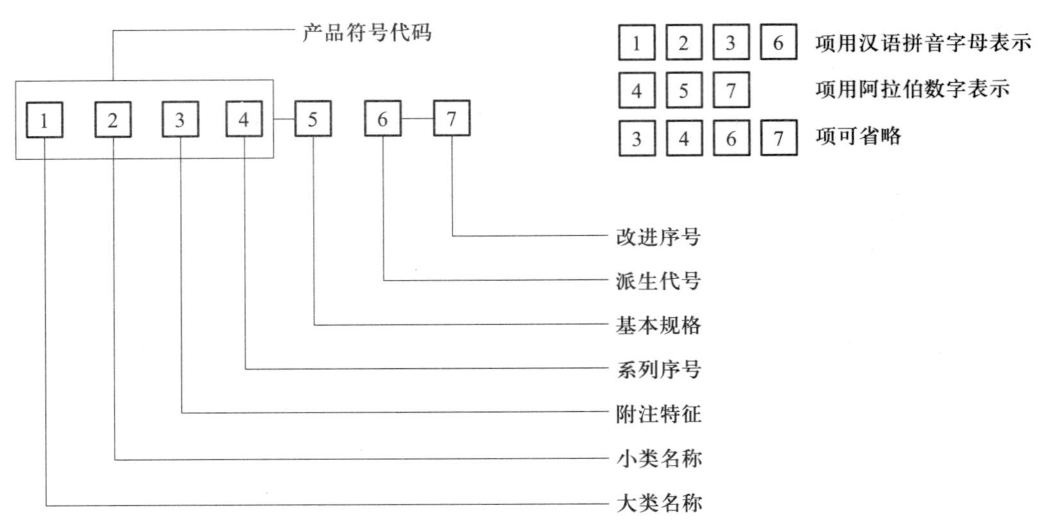

图 1-2-5　弧焊电源型号的各项编排次序及含义

弧焊电源型号主要由产品符号代码（包括大类名称、小类名称、附注特征和系列序号，其含义见表 1-2-2）、基本规格、派生代号和改进序号组成。

（1）根据《电焊机型号编制方法》（GB/T 10249—2010），填写表 1-2-3。

表 1-2-3　常用弧焊电源型号及含义

图示	弧焊电源型号	型号含义
	BX3-300	
	BX1-315	

续表

图示	弧焊电源型号	型号含义
	ZX5–400	
	ZX7–400	

（2）查阅资料，小组讨论各类弧焊电源的特点及应用范围，填写表 1–2–4。

表 1–2–4　各类弧焊电源的特点及应用范围

类别	特点	应用范围
交流弧焊电源		
直流弧焊电源		
弧焊逆变器		

3．焊条电弧焊焊接时除了弧焊电源外，还需要配备其他工具和劳动保护用品，试完成表 1–2–5 的填写工作。

表 1–2–5　焊条电弧焊其他工具和劳动保护用品

图示	名称	作用
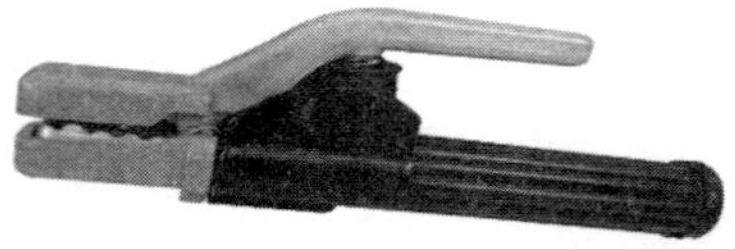		
 a) 　b) 　c)	a）________ b）________ c）________	
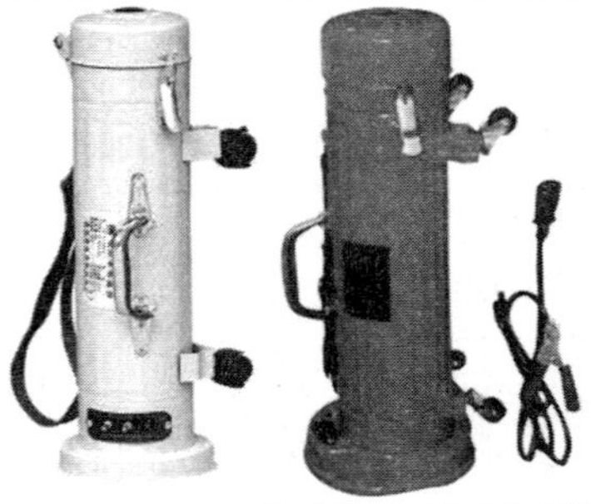		
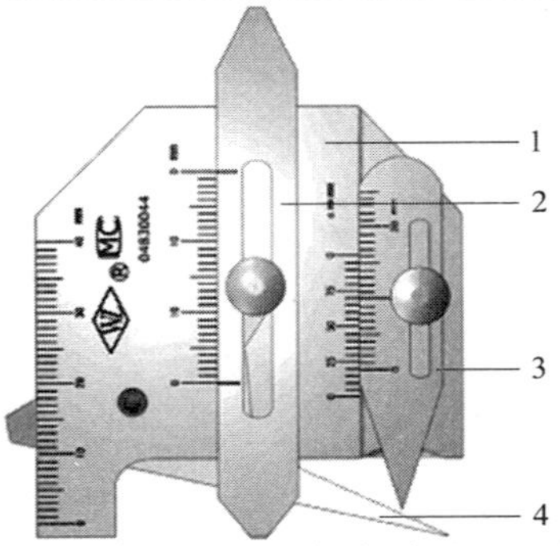 1—主尺　2—高度尺　3—咬边深度尺　4—多用尺		

续表

图示	名称	作用
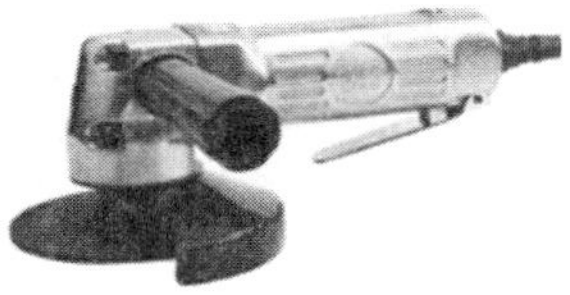		
 a) 　b)  c) 　d)	a)________ b)________ c)________ d)________	
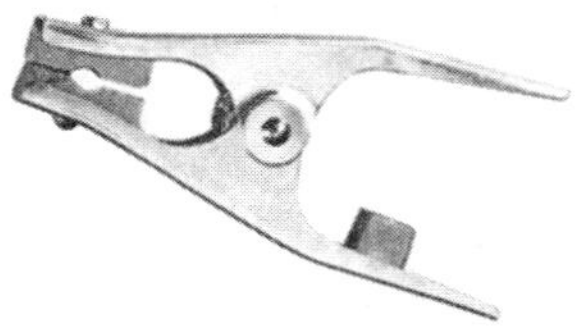		
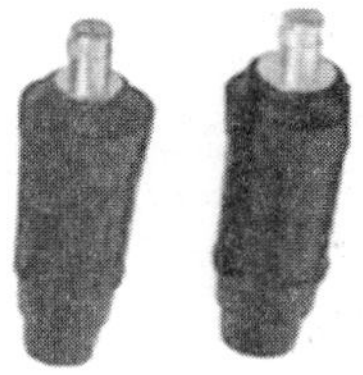		
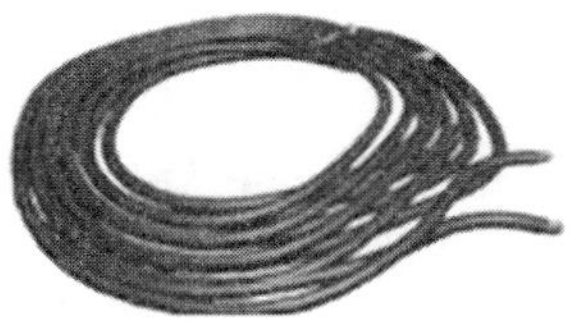		
 a) 　b)  c) 　d)	a)________ b)________ c)________ d)________	

4．以连线方式完成图 1–2–6 所示焊条电弧焊焊接设备的连接。

图 1–2–6　焊条电弧焊焊接设备连接

三、焊条电弧焊焊接材料

1．观察图 1–2–7，写出焊条各组成部分的名称。

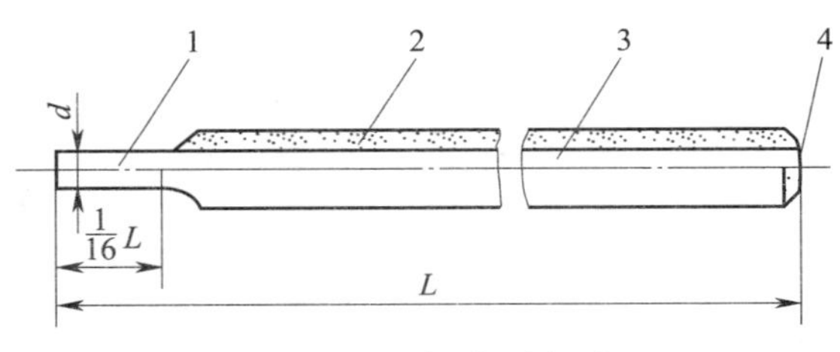

图 1–2–7　焊条的组成

2．查阅资料，小组讨论并明确焊条各组成部分的作用。

3．焊条前端药皮有 45° 左右的倒角，其目的是__________；焊条尾部有一段裸焊芯，长 10 ~ 35 mm，其作用是____________________；焊条长度一般在 250 ~ 450 mm 之间，焊条直径以焊芯直径来表示，常用的有 2.0 mm、______mm、______mm、______mm、5.0 mm、6.0 mm 等几种规格。

4．根据焊芯（焊丝）牌号的编制方法，完成下列焊芯（焊丝）牌号的解释说明。

H 08 Mn A

5．焊条药皮组成物按其在焊接过程中的作用可分为__________、__________、__________、__________、__________、______________共六大类，试将焊条药皮组成物的名称、成分及主要作用填入表 1-2-6 中。

表 1-2-6　焊条药皮组成物的名称、成分及主要作用

名称	成分	主要作用
稳弧剂	碳酸钾、碳酸钠、钾硝石、水玻璃及大理石或石灰石、花岗石、钛白粉等	
造渣剂	钛铁矿、赤铁矿、金红石、长石、大理石、石英、花岗石、萤石、菱苦土、锰矿、钛白粉等	
造气剂	造气剂有无机物和有机物两类。无机物常用碳酸盐类矿物，如大理石、菱镁矿、白云石等；有机物常用木粉、纤维素、淀粉等	
脱氧剂	锰铁、硅铁、钛铁等	

续表

名称	成分	主要作用
黏结剂	水玻璃或树胶类物质	
合金剂	铬、钼、锰、硅、钛、钨、钒的铁合金和金属铬、锰等纯金属	

6．识别焊条的分类，回答下列问题。

（1）焊条的分类方法很多，可以从________、________、________、________等不同角度分类。

（2）按焊条药皮熔化后的熔渣特性分类，焊条可分为________焊条和________焊条两大类。

（3）常用酸性焊条型号为 E4303，其药皮类型为________，主要用于焊接较重要的低碳钢结构和同等强度的低合金高强度结构钢。

（4）根据国家标准《非合金钢及细晶粒钢焊条》（GB/T 5117—2012），写出下列焊条型号的含义。

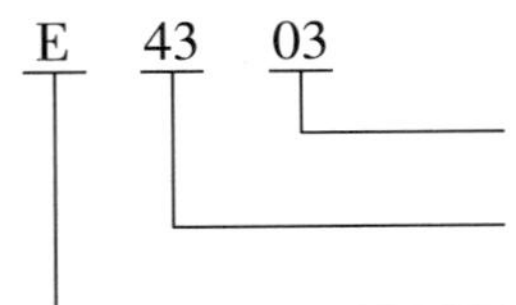

（5）常用碱性焊条型号为 E5015、E5016，其药皮类型均为________，主要用于焊接中碳钢和重要低合金钢结构件。

7．查阅资料，试比较酸性焊条与碱性焊条的性能和特点，填入表 1-2-7 中。

表 1-2-7　酸性焊条与碱性焊条性能和特点对比

序号	酸性焊条	碱性焊条
1	药皮组分氧化性________	药皮组分氧化性________
2	对水、锈蚀产生气孔的敏感性________，焊条在使用前经________℃烘干 1 h	对水、锈蚀产生气孔的敏感性________，焊条在使用前经________℃烘干 1 ~ 2 h
3	电弧________，可用________电源施焊	由于药皮中含有氟化物，电弧稳定性差，必须用________电源施焊，只有当药皮中加稳弧剂后才可用交流、直流电源
4	焊接电流较________	焊接电流较________，比同规格的酸性焊条小________
5	宜________弧操作	宜________弧操作，否则易引起气孔
6	合金元素过渡效果________	合金元素过渡效果________
7	焊缝成形较________，熔深较________	焊缝成形尚好，容易堆高，熔深稍________

续表

序号	酸性焊条	碱性焊条
8	焊渣呈________状	焊渣呈________状
9	脱渣较________	坡口内第一层焊缝脱渣较________，以后各层脱渣较容易
10	焊缝常温、低温冲击性能________	焊缝常温、低温冲击性能________
11	抗裂性能________	抗裂性能________
12	焊缝中含氢量________，易产生“白点”，影响________	焊缝中含氢量________
13	焊接时烟尘较________	焊接时烟尘较________

8．查阅资料，在表 1-2-8 中填写焊条的类别和牌号代号。

表 1-2-8　　焊条的类别（按用途分类）和牌号代号

序号	焊条类别	牌号代号	
		拼音	汉字
1	非合金钢及细晶粒钢焊条		
2		R	热
3	不锈钢焊条		
4	堆焊焊条		
5	铸铁焊条		
6		Ni	镍
7	铜及铜合金焊条		
8		L	铝

9．焊条种类较多，焊条生产厂家所生产的焊条一般都有其对应的型号和牌号。焊条型号是指国家标准规定的各类焊条的代号；焊条牌号则是焊条制造厂对其生产的焊条所制定的代号。查阅资料，了解焊条型号与牌号对照关系，填写表 1-2-9。

表 1-2-9　　常用结构钢焊条型号与牌号对照

型号	牌号	型号	牌号
E4303		E6016	J606
E4316	J426	E6015	J607
E4315	J427	E7015	J707
E5003	J502	E308	A102
	J506	E308L	A002
	J507	E347	A132
E515	J557	E316L	A022

10．查阅资料，小组讨论选用焊条时应考虑哪些基本原则。

四、焊条电弧焊焊接工艺

1．根据工字梁焊接工艺卡，焊条电弧焊焊接参数主要包括________________、________________、________________、________________、________________、电源种类和极性等。

2．查阅资料，完成焊条电弧焊焊接参数的相关引导问题。

（1）焊条直径大小的选择与________________、________________、________________、________________等因素有关。焊件的厚度越________，所选用的焊条直径越________；在多层焊接时，为了防止根部焊不透，第一层焊道应采用直径较________的焊条，以后各层可根据焊件的厚度，选用直径较________的焊条。搭接接头、T 形接头因不存在全焊透问题，所以应选用较________的焊条直径，以提高生产效率。

（2）焊条直径的选择与焊件厚度有关，完成表 1–2–10 的填写工作。

表 1–2–10　焊条直径的选择

焊件厚度 /mm	2	3	4 ~ 5	6 ~ 12	> 12
焊条直径 /mm					

（3）焊条直径越________，熔化焊条所需要的电弧热量越________，焊接电流也越________；碳钢酸性焊条焊接电流 I_h 与焊条直径 d 的关系一般可用经验公式来选择，即 I_h=________d。

（4）在相同焊条直径的条件下，焊接平焊缝时，由于运条及控制熔池中的熔化金属都比较容易，因此可以选择较________的焊接电流进行焊接；但在其他位置焊接时，为了避免熔化金属从熔池中流出，要使熔池尽可能小些，相对于平焊，通常立焊、横焊的焊接电流小________，仰焊的焊接电流小________。

（5）当其他条件相同时，碱性焊条使用的焊接电流应比酸性焊条小________；否则焊缝中易形成气孔。

（6）焊接打底层时，常使用较________的焊接电流；焊接填充层时，常使用较________的焊接电流；焊接盖面层时，使用的焊接电流应比焊接填充层稍________些。

3．观察图 1-2-8，判断直流焊接电源的极性接法，其中图 1-2-8a 所示为直流电弧焊的________，即焊件接电源________极，焊条接电源________极；图 1-2-8b 所示为直流电弧焊的________，即焊件接电源________极，焊条接电源________极。

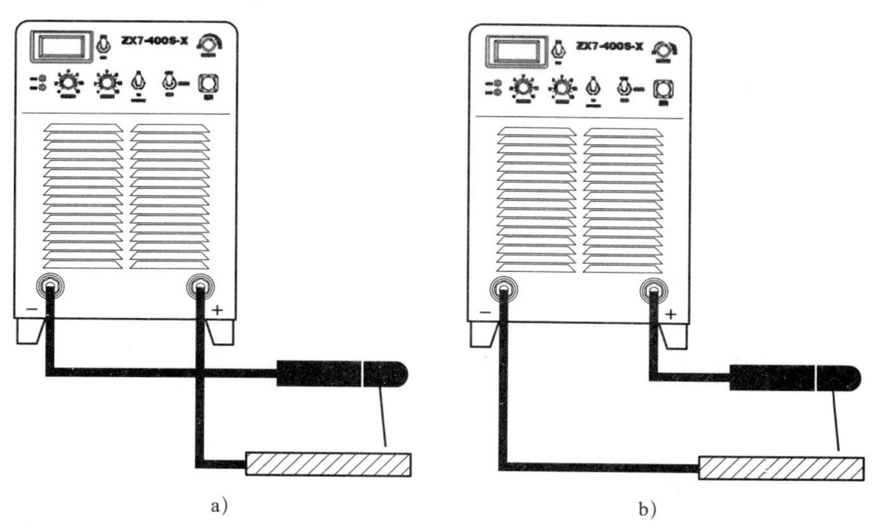

图 1-2-8　直流电弧焊正接与反接

4．进行焊条电弧焊时，可根据实际情况选用交流或直流焊接电源，试分析比较不同电源种类和极性的应用范围与特点。

子活动 2　焊条电弧焊基本操作

本活动将介绍焊条电弧焊作业过程中存在的职业安全隐患，学习焊条电弧焊生产安全技术与劳动保护要求；学习如何利用焊接辅助工具连接、调试焊接电源，正确使用焊条电弧焊设备进行基本操作训练；明确焊条电弧焊焊接过程中容易出现的焊接缺陷类型、产生原因和防止措施。

学习过程

一、焊条电弧焊生产安全技术与劳动保护

1. 焊接生产过程中由于电、光、热的产生，焊条电弧焊作业中存在着各种各样的有害因素，查阅资料回答下列问题。

（1）触电危害

1）在焊接过程中，因焊工要经常更换________及调节________________，操作时要直接接触电极，而焊接电源通常为________V 或________V，当电气安全保护装置存在故障，劳动保护用品不合格，操作者违章作业时，就可能引起触电事故。如果在金属容器内、管道上或潮湿的场所进行焊接作业，触电的危险性更________。

2）焊机空载时，二次电压一般为________V，由于电压不高，易被焊工所忽视，但该电压比规定的安全电压________V 高，仍有一定危险性。

3）在露天或野外进行焊接作业时，焊机、电缆等时常处在高温、潮湿（建筑工地）和粉尘环境中，若焊机超负荷运行，易使焊机电气线路、电缆绝缘________，绝缘性能降低，易导致________事故。

（2）火灾和爆炸危害

由于焊接过程中会产生________或________________________，在有易燃物品的场所作业时，极易引发________。特别是在易燃、易爆装置区（包括坑、沟、槽等），储存过________________介质的容器、塔、罐和管道上施焊时危险性更大。

（3）弧光辐射与灼烫危害

1）焊接中产生的弧光含有______________、______________和______________，对人体具有辐射作用。____________具有热辐射作用，在高温环境中焊接时易导致作业人员中暑；____________具有光化学作用，对人的皮肤有伤害，同时，外露的皮肤长时间经紫外线照射还会脱落；眼睛长时间经____________照射会导致视力下降。

2）焊接过程中会产生焊接电弧、金属熔渣，如果焊工焊接时没有穿戴好电焊专用的________________、________________和____________________，尤其是在高处进行焊接时，施工现场若没有采取防护隔离措施，会因电焊火花飞溅，造成焊工自身或作业面下方施工人员皮肤________。

（4）有害气体及烟尘危害

1）由于焊接过程中产生的电弧温度可达 6 000 ~ 8 000 ℃，焊芯、药皮和部分焊件熔化后要发生汽化、蒸发和凝结现象，会产生大量的________氧化物及________烟尘；同时，弧光的高温和强烈的辐射作用还会使周围空气产生________、________________等有毒气体。

2）焊工经常要进入金属容器、设备、管道、塔、储罐等________或____________场所施焊，相关场所如果储运或生产过有毒、有害介质及惰性气体等，一旦工作管理不善，防护措施不到位，极易造成作业人员________或________________，这种现象多发生在炼油、化工等企业。

2．焊接过程中，加强焊工的个人防护也是加强焊接劳动保护的主要措施，查阅焊条电弧焊安全操作规程，完成下列问题。

（1）填空题

1）焊工的劳动保护着装和用品主要有________________、________________、________________等。

2）焊割作业前，应检查焊割场地周围________ m 范围内的________________物品是否清除干净。

3）焊接前应检查焊钳与____________是否连接牢固。

4）使用砂轮机前，应先检查砂轮是否________，有无________现象。

5）“6S”管理包括________、________、________、________、________、________。

（2）判断题

1）焊工在焊接过程中，紫外线对眼睛的伤害是引起电光性眼炎。（　　）

2）焊工离开工作岗位时，不得将焊钳放在焊件上。（　　）

3）雨天、雪天、雾天不准在露天进行焊接作业。（　　）

4）在高空或特别潮湿的场所作业，安全电压应不超过 12 V。（　　）

5）焊接设备的安装、维修、检查应由焊工本人完成。（　　）

6）为预防弧光辐射，焊工在焊接时必须使用焊接防护面罩。（　　）

3．查阅资料，将表 1-2-11 所列的劳动保护用品的名称与作用补充完整。

表 1-2-11　劳动保护用品一览表

名称	图片	作用
		保护焊接作业人员眼睛和面部不受弧光伤害，且有效降低有害烟尘对其呼吸系统的危害
焊接防护服		

续表

名称	图片	作用
		保护手部和腕部及防止触电
安全防护鞋		
		防止或减少空气中的粉尘进入呼吸系统，保护呼吸系统的健康
安全帽		

4．焊工在实际生产中，必须熟练掌握“十不准”安全规程，坚决做到不安全不生产，“十不准”具体内容是什么?

小贴士

焊条电弧焊安全操作规程

1. 焊工在工作时必须穿戴符合规定的劳动保护用品。穿焊接防护服时要把衣领和袖口扣好，上衣不应扎在裤子里，焊接防护服不应有破损、孔洞和缝隙，不允许穿沾有油脂或潮湿的焊接防护服。焊接防护服、焊工防护手套、安全防护鞋应保持干燥。

2. 在工作中必须使用焊接防护面罩，并将面部全部挡好，面罩必须由绝缘材料制成，护目镜玻璃必须是滤光镜片，并能防止弧光辐射，面罩不能漏光。

3. 在工作中，无论站立或仰卧都要垫放绝缘垫，尤其在湿地上进行焊接作业时，必须使用绝缘垫板（或干木板）。

4. 在工作前要检查电缆有无破损，工作时不得将电缆置入水中，也不准使用其他线代替电缆。在高处作业时，必须有安全防护措施并遵守高处作业安全操作规程的规定。

5. 在工作时，要用遮光屏进行遮挡，以免影响他人工作。工作完毕，必须将电源切断，停、送电时必须戴绝缘手套，且应侧向拉合刀开关。

6. 严禁在有易燃、易爆物品的车间或场所进行焊接作业，必须在此进行焊接作业时，必须通知消防和安全技术部门到现场检查，采取安全措施后方可施焊；同时，易燃、易爆物品应距离操作场地 10 m 以上才允许进行焊接工作。雨、雪天气禁止露天工作，在潮湿工作环境内焊接时，必须有可靠的防潮措施方可施焊。

7. 在箱梁内作业时，电缆的绝缘必须良好，以防止触电，并要使用焊工专用照明灯（电压在 12 V 以下）。

8. 在临时焊接场所作业时，不得将电缆接头露在外面，如通过铁路、公路时，必须妥善将线路加以掩盖保护。

9. 严禁焊接有压力的容器；焊接锅炉等压力容器时，必须经有关部门批准后施焊。

10. 禁止带电移动焊机，严禁焊接带电设备。

11. 焊接前应检查焊机电缆的绝缘是否良好，焊机应避开雨雪、潮湿环境，放置在干燥处。焊接工作场地必须配备消防设施。

二、设备连接及焊机调试

1. 焊条电弧焊施焊时若要求采用直流正接，根据图 1-2-9 所示，请正确连接焊接设备，并标注相应的名称。

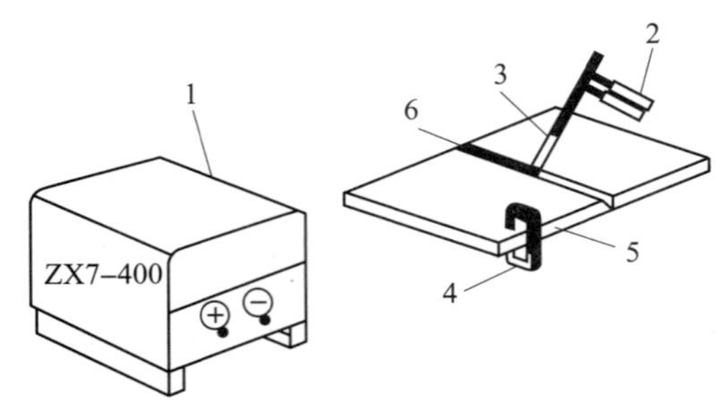

图 1-2-9　焊条电弧焊设备连接

1—______________　2—______________　3—______________　4—______________　5—______________　6—______________

2．不同类别的弧焊电源其结构形式及焊接参数调节方法均不一致，完成表 1-2-12 的填写工作。

表 1-2-12　　常用焊条电弧焊弧焊电源的结构形式及焊接参数的调节方法

焊接电源分类	常用型号	结构形式	图示	焊接参数的调节方法
弧焊变压器	BX1-300		W1　W2　Ⅰ　Ⅱ a)　b)　c)	
	BX3-300		1　2　3　Ⅱ　Ⅰ　δ a)　b) 1—手柄　2—丝杆　3—铁心	
弧焊整流器	ZX5-400			
弧焊逆变器	ZX7-400			

3．若采用 ϕ3.2 mm 的 E4303 型焊条进行焊接，根据经验公式 I_h=（30 ～ 55）d，则焊接电流应为多少?

三、焊条电弧焊基本操作训练

焊条电弧焊基本操作训练一般从平敷焊开始。平敷焊是在平焊位置上堆敷焊道的一种焊接操作方式，是所有焊接操作方法中最简单、最基础的操作。

1．在教师指导下，做好焊条电弧焊平敷焊焊前准备工作，记录所需设备、材料和工具，并做好安全检查。

（1）设备：焊机型号为____________。

（2）材料：焊条型号为________，直径为________mm，焊件尺寸为__________________________。

（3）工具：____________、____________等。

2．教师示范焊条电弧焊平敷焊操作姿势，学生认真观察并分组模拟。结合图 1-2-10，小组讨论后总结平敷焊操作姿势的具体要求。

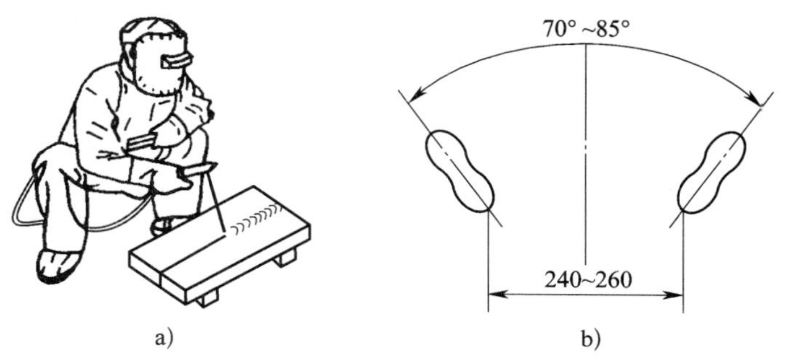

图 1-2-10　平敷焊操作姿势

a）蹲式操作姿势　b）两脚的位置

3．分组进行焊条电弧焊引弧练习，结合图 1–2–11，对比、总结两种引弧方法的操作要领。

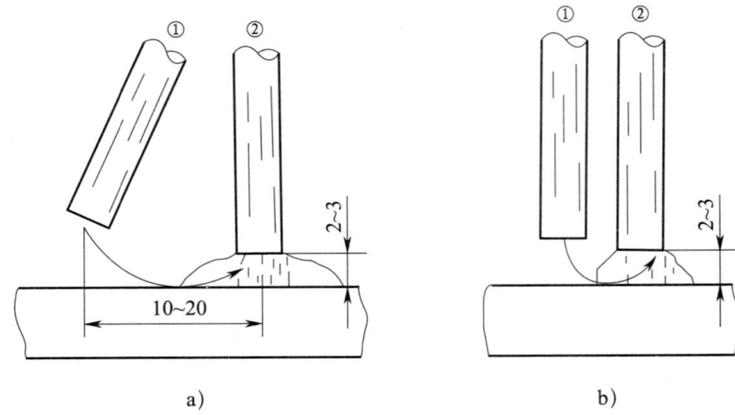

图 1–2–11　引弧方法

a）划擦引弧法　b）直击引弧法

4．教师分别为每个小组示范操作焊条电弧焊平敷焊以及定点引弧、引弧堆焊操作要领，各小组认真观察、记录。用手机扫描二维码，观看焊条电弧焊平敷焊操作视频，小组讨论完成下列问题。

（1）结合图 1–2–12，归纳焊接时焊条的角度、运条方向及要领。

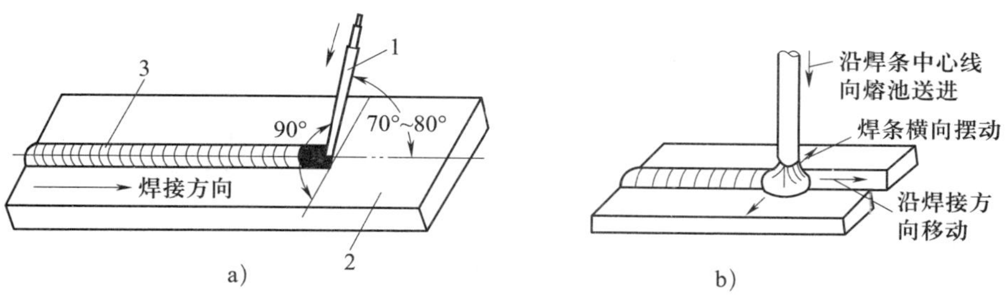

图 1–2–12　焊条电弧焊平敷焊操作

1—焊条　2—焊件　3—焊缝

（2）参见表 1–2–13，识别各种焊条电弧焊的运条方法。

表 1–2–13　焊条电弧焊常用的运条方法

运条方法	示意图
直线形运条法	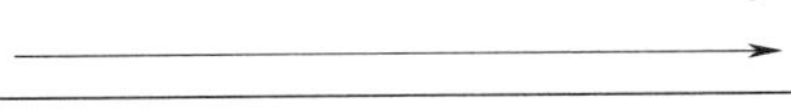
直线往复运条法	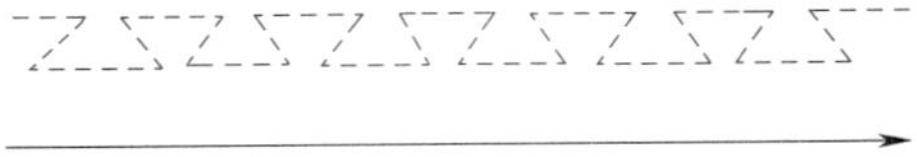

斜三角形运条法	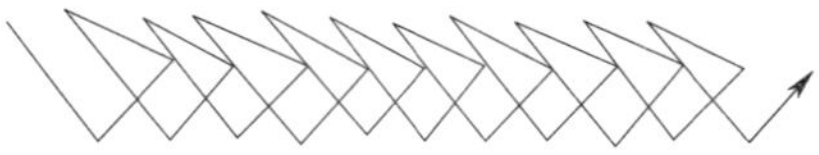
	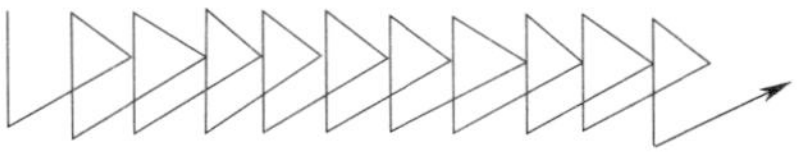
正圆圈形运条法	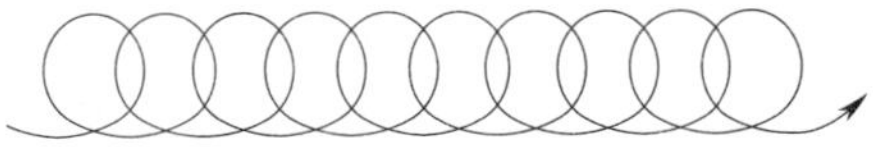
	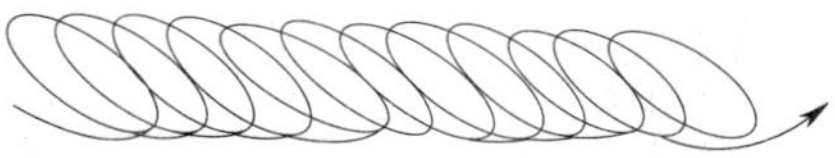

（3）将焊条电弧焊起头、接头、收尾操作要领填入表 1–2–14 中。

表 1–2–14　焊条电弧焊起头、接头、收尾操作要领

环节	示意图	操作要领
起头	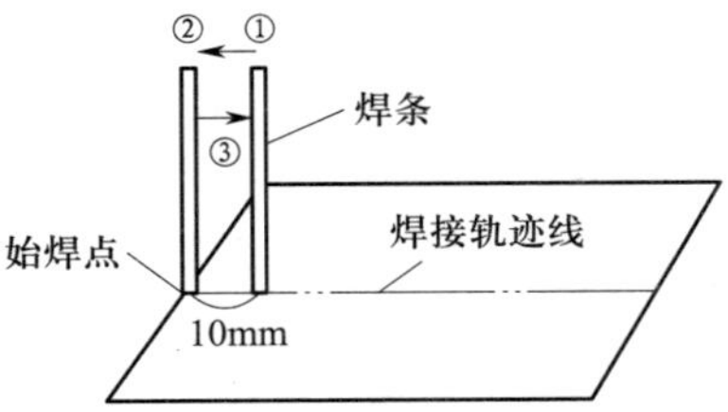 ② ① 焊条 ③ 始焊点 焊接轨迹线 10mm	
接头	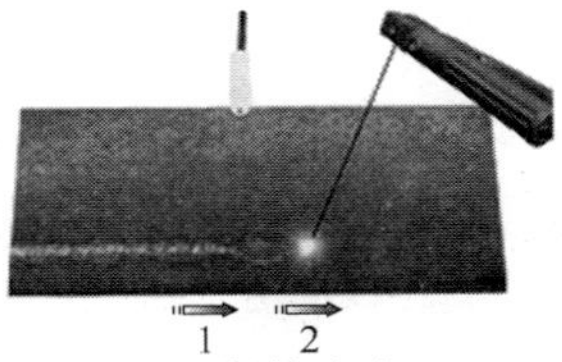 1 2 焊接方向 后续焊道的头与已焊焊道的尾相接	

续表

环节	示意图	操作要领
收尾	划圈收弧法	
	熄弧 引弧 反复断弧收弧法	
	3 2 1 75° 75° 回焊收弧法	

（4）焊接电流对焊接过程的影响

1）电流过大时，电弧吹力__________，可看到较大的熔滴向熔池外______________，焊接时爆裂声________；电流过小时，电弧吹力________，________和________不易分清。

2）电流过大时，熔深__________，焊缝余高__________，两侧易产生________________；电流过小时，焊缝窄而高，熔深浅，且两侧与母材金属熔合不好；电流适中时，焊缝两侧与母材金属熔合得很好，呈________过渡。

3）电流过大，当焊条熔化大半根时其余部分均已____________；电流过小，电弧燃烧不稳定，焊条容易____________。

5．按照教师示范操作要领，个人独立完成平敷焊操作训练。焊后自行打分，按照表 1–2–15 进行评分，比一比看谁焊的焊缝最棒。

表 1–2–15　　焊条电弧焊平敷焊操作评分表

项目及要求	评分标准	配分	得分
操作姿势正确	不符合要求酌情扣分	10	
引弧方法正确	不符合要求酌情扣分	10	
运条方法正确	不符合要求酌情扣分	10	
定点引弧方法正确	不符合要求酌情扣分	8	

续表

项目及要求	评分标准	配分	得分
引弧堆焊方法正确	不符合要求酌情扣分	8	
平敷焊道均匀	不符合要求酌情扣分	14	
焊道起头圆滑	起头不圆滑不得分	8	
焊道接头平整	接头不平整不得分	8	
收尾无弧坑	出现弧坑不得分	8	
焊缝平直	焊缝不平直不得分	8	
焊缝宽度一致	焊缝宽度不一致不得分	8	
合计		100	

四、焊条电弧焊常见缺陷

1．在焊接过程中，由于焊工操作技能不熟练，焊接参数、焊接材料选择不当等，往往会在焊接接头区域内产生不符合设计要求的焊接缺陷。查阅资料，在表 1–2–16 中填写焊条电弧焊常见缺陷及其产生原因。

表 1–2–16　焊条电弧焊常见缺陷及其产生原因

缺陷名称	缺陷示意图	产生原因
裂纹	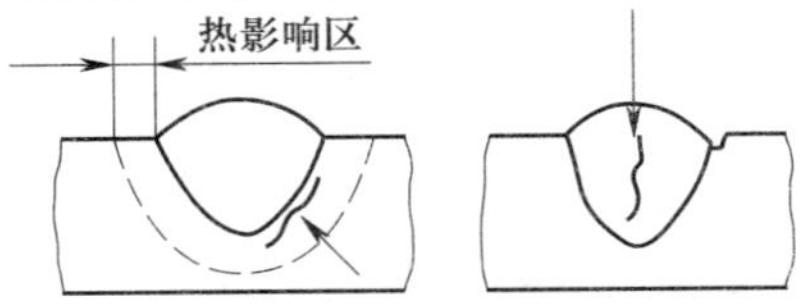 热影响区	
气孔	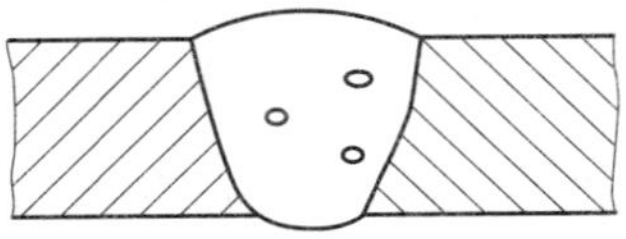	
夹渣	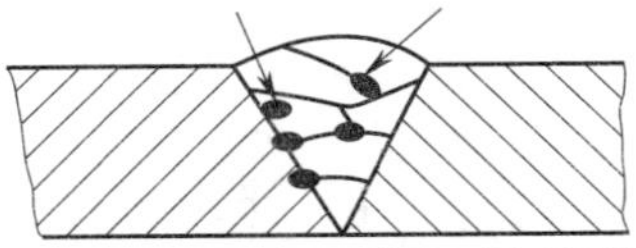	
未焊透	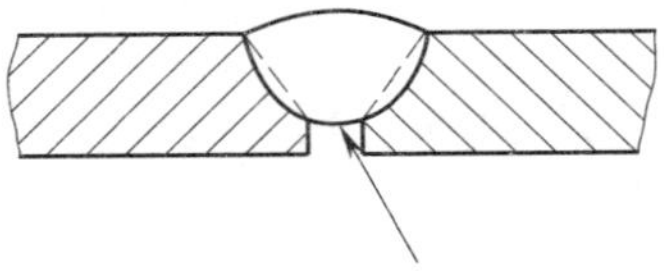	
未熔合	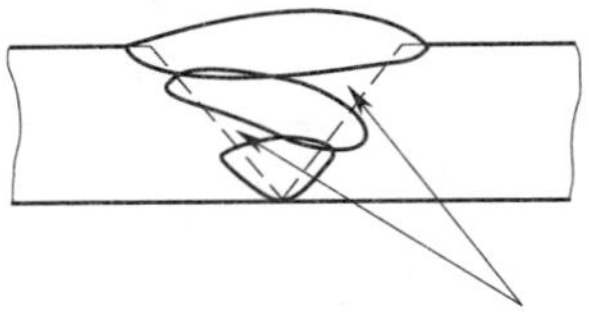	
咬边	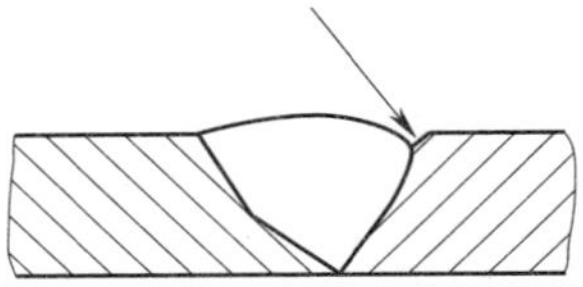	

续表

缺陷名称	缺陷示意图	产生原因
烧穿	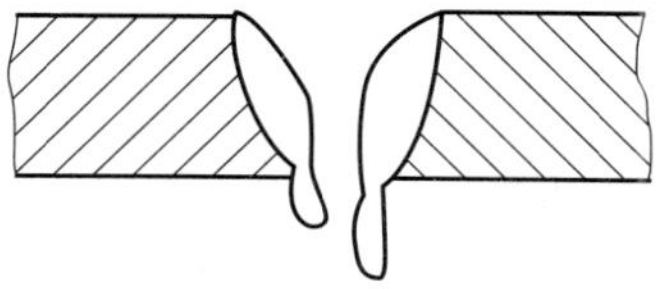	
焊瘤	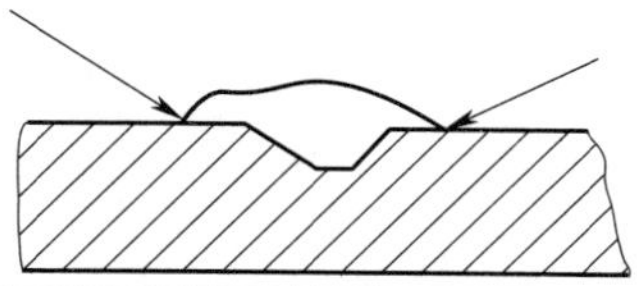	

2．总结自己在实际焊条电弧焊平敷焊操作过程中发现了哪些焊接缺陷，试分析这些焊接缺陷产生的原因及防止措施。

子活动 3　焊条电弧焊 V 形坡口板对接平焊

焊条电弧焊 V 形坡口板对接平焊是焊接基础训练项目，要求单面焊双面成形，本活动重点明确焊件装配要求，熟练掌握焊接操作要领。

学习过程

一、焊件图和焊接工艺卡

1．焊件图（见图 1–2–13）

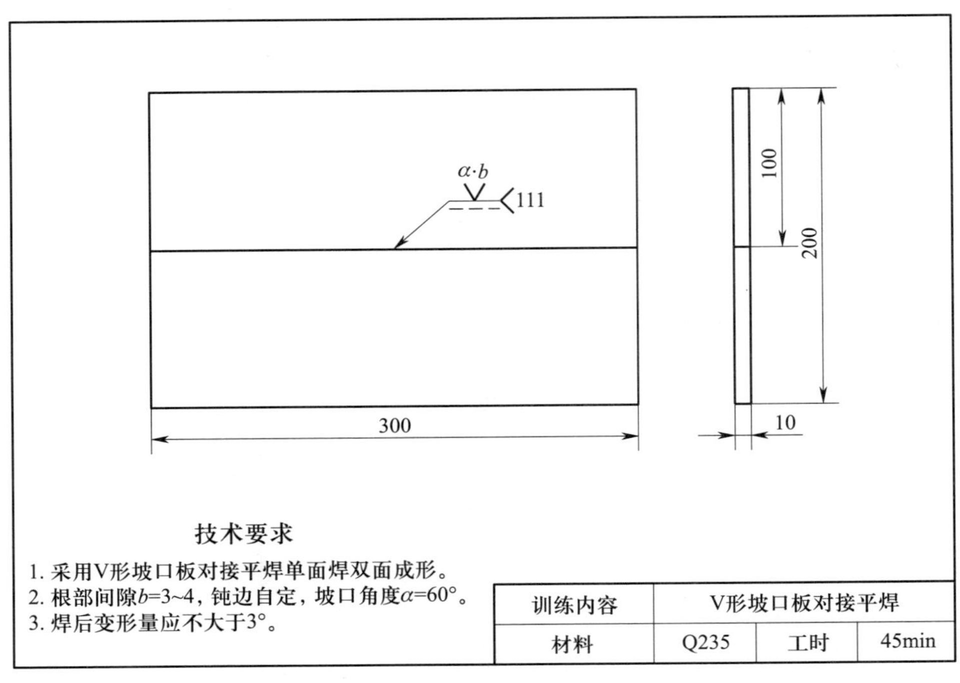

图 1-2-13　V 形坡口板对接平焊焊件图

2．焊接工艺卡（见表 1-2-17）

表 1-2-17　焊接工艺卡

<table>
<tr><td>工程名称</td><td colspan="3">工字梁 V 形坡口板对接平焊</td><td>工艺卡编号</td><td colspan="3">01</td></tr>
<tr><td>材料</td><td>Q235 钢</td><td>规格</td><td>板厚为 10 mm</td><td>焊接方法</td><td>焊条电弧焊</td><td>焊工资格</td><td>特种作业操作证</td></tr>
<tr><td>焊评编号</td><td colspan="2">无</td><td>外观检验</td><td colspan="2">按照国家标准《钢结构工程施工质量验收标准》（GB 50205—2020），采用外观检验，检验比例为 100%</td><td>合格等级</td><td>Ⅱ级</td></tr>
<tr><td>适用范围</td><td colspan="7">低碳钢板 V 形坡口对接平焊焊缝</td></tr>
<tr><td>焊接层次</td><td>焊接电流 /A</td><td>电弧电压 /V</td><td>焊条直径 /mm</td><td>焊接速度 /（mm/min）</td><td colspan="2">焊接材料</td><td>电源种类和极性</td></tr>
<tr><td>打底层</td><td>100 ～ 120</td><td>24 ～ 25</td><td>3.2</td><td>80 ～ 90</td><td colspan="2" rowspan="3">E4303</td><td rowspan="3">直流反接</td></tr>
<tr><td>填充层</td><td>150 ～ 170</td><td>26 ～ 27</td><td rowspan="2">4.0</td><td>180 ～ 200</td></tr>
<tr><td>盖面层</td><td>140 ～ 160</td><td>25 ～ 27</td><td>170 ～ 190</td></tr>
<tr><td>接头及坡口形式</td><td colspan="3">60°
10
3</td><td>焊接技术要求</td><td colspan="3">1. 在坡口及坡口边缘内、外侧各 20 mm 范围内，清除油污、锈蚀、氧化皮，直至露出金属光泽
2. 焊缝余高：正面为 0 ～ 3 mm，背面为 0 ～ 2 mm
3. 根部焊透
4. 单面焊双面成形
5. 焊缝外观不允许有裂纹、未熔合、焊瘤、气孔、夹渣等任何缺陷，尺寸符合图样要求</td></tr>
</table>

二、焊前准备

根据焊件图及焊接工艺卡，完成 V 形坡口板对接平焊的焊前准备。

1．设备准备

焊接电源型号为____________________，电源极性接法为____________________。按要求完成设备连接与安全检查。

2．工具准备

填写表 1–2–18，做好焊前相关工具准备工作。

表 1–2–18　　工具准备清单

序号	名称	图示	序号	名称	图示
1	活扳手	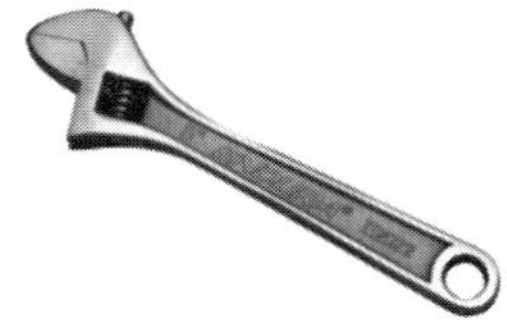	7	錾子	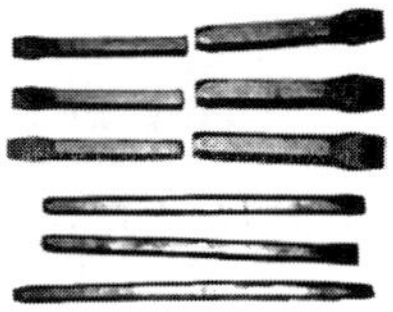
2	钢丝刷	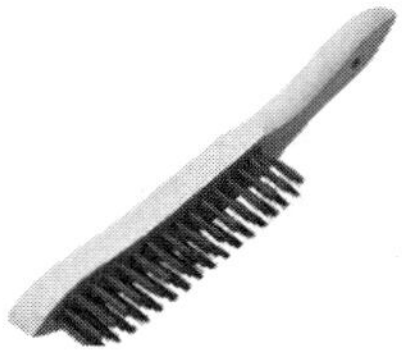	8	锉刀	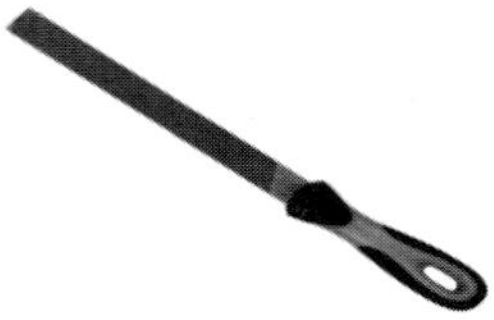
3	敲渣锤		9	锤子	
4	钢直尺		10	焊条保温筒	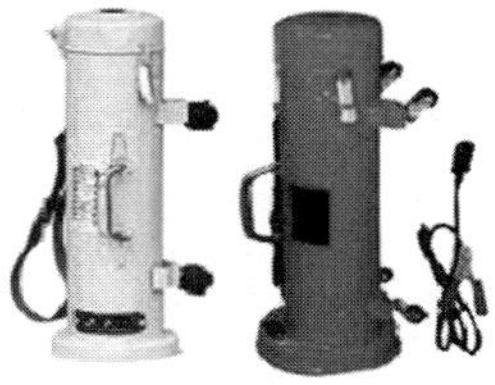
5	角向磨光机		11	焊接检验尺	
6	钢锯条		12	放大镜	

3．焊接材料准备

（1）焊条型号和规格

1）焊条型号：__________________。

2）焊条直径：_________mm、_________mm。

（2）焊条烘干

焊条烘干温度为______________________℃，烘干时间为_________h，随用随取。

4．焊件准备

（1）焊件尺寸：________________________________；数量：_________块；材料：__________________。

（2）坡口角度：_________；钝边：_________________mm。

（3）清理要求：使用角向磨光机、锉刀等清除坡口面及正、反面两侧各_________mm 范围内的油污、锈蚀、水分、污物等，直至露出__________________。

三、装配与焊接

1．焊件装配

（1）定位焊

如图 1-2-14 所示，将两块钢板装配成 V 形坡口的对接接头，定位焊根部间隙始焊端为_________mm，终焊端为_________mm。放大终焊端根部间隙是考虑到焊接过程中的_________________，以保持熔透坡口根部所需的间隙。将组对好间隙的焊件在距端头 20 mm 内进行定位焊，定位焊缝长度为_____________mm。

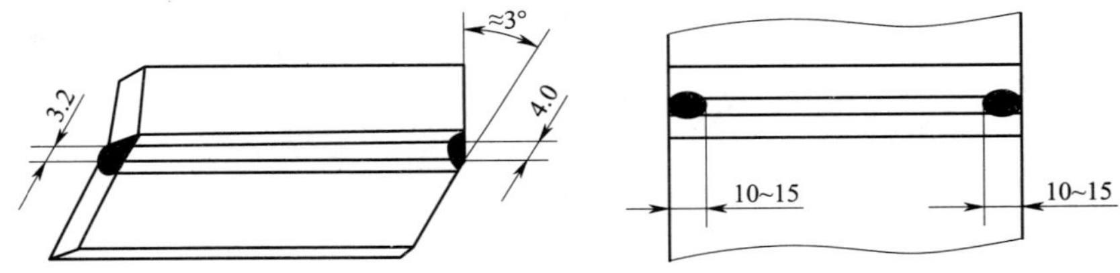

图 1-2-14　焊件装配定位焊

（2）反变形

如图 1-2-15 所示，由于 V 形坡口具有不对称性，焊缝在厚度方向横向收缩不均匀，钢板会向上翘起而产生_____________。

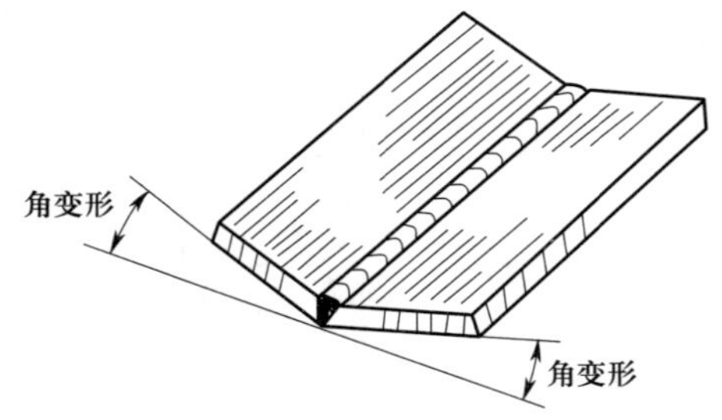

图 1-2-15　板对接焊件的角变形

角变形的变形角 θ 一般要求控制在 3° 以内，因此需要采用反变形法来预防焊后角变形，即焊前将组对好的焊件向焊后角变形的相反方向预置一定的变形量，预置反变形量的方法如图 1–2–16 所示。

反变形量一般凭经验确定，可用一把钢直尺放在预置反变形量的焊件一侧，中间的空隙应刚好能通过一根带药皮的 ϕ4.0 mm 的焊条，具体测定方法如图 1–2–17 所示。

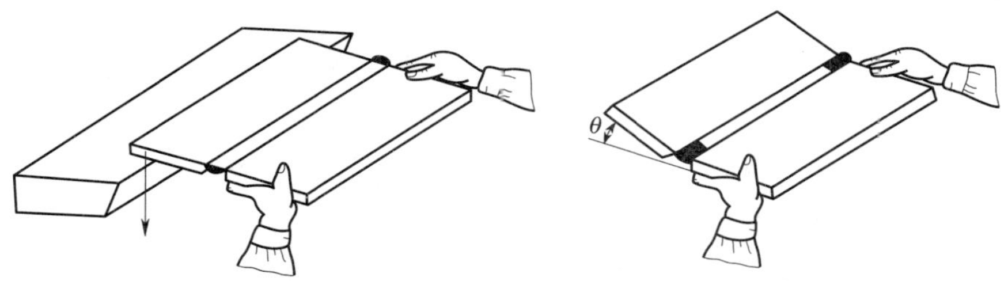

图 1–2–16　预置反变形量的方法

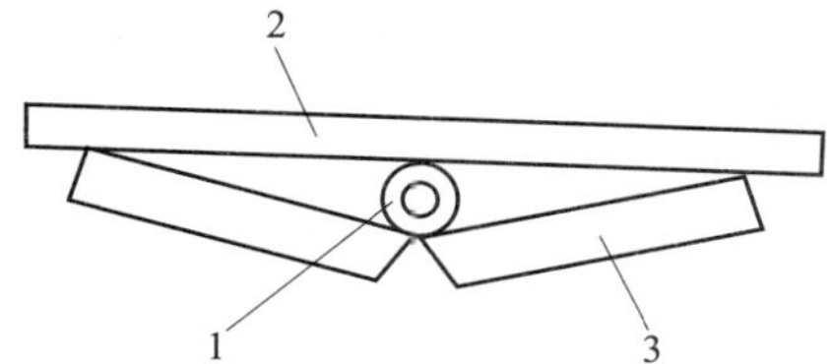

图 1–2–17　反变形量经验测定方法

1—焊条　2—钢直尺　3—焊件

2．焊件焊接

观看教师焊条电弧焊 V 形坡口板对接平焊示范操作及操作视频，完成下列引导问题。

（1）焊接参数

将教师示范操作所选用的主要焊接参数记录在表 1–2–19 中。

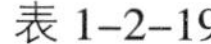

表 1–2–19　V 形坡口板对接平焊主要焊接参数

焊接层次	焊条直径 /mm	焊接电流 /A	电弧电压 /V	焊条与焊件表面夹角 /(°)
打底层			24 ~ 25	
填充层			26 ~ 27	
盖面层			25 ~ 27	

（2）焊接操作要点

1）打底层焊接。打底层的焊接方法有断弧法和连弧法两种，断弧法又分为两点击穿法和一点击穿法两种手法。对于初学者，推荐采用断弧焊一点击穿法。

①引弧。在始焊端的定位焊处引弧，并略抬高电弧稍做预热，焊至定位焊缝尾部时，将焊条向下压一下，听到“噗噗”声后，立即断弧。此时熔池前端应有熔孔，熔孔超过两侧母材____________mm，如图 1–2–18 所示。当熔池边缘变成暗红，熔池中间仍处于熔融状态时，立即在熔池的中间引燃电弧，焊条向

下轻微地压一下，形成熔池，打开熔孔后立即断弧，这样反复击穿直到焊完。运条间距要均匀，落弧位置要准确，使电弧的________压住熔池，________作用在熔池前方，用来熔化及击穿坡口根部形成熔池。

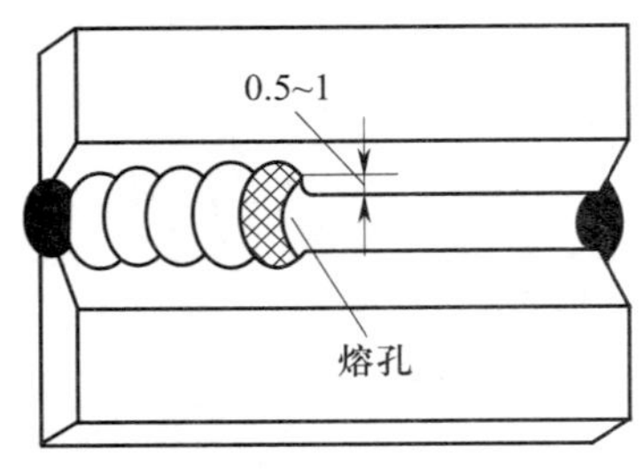

图 1–2–18 熔孔

②收弧。收弧前，应在熔池前方做一个熔孔，然后回焊______mm 左右再断弧；或向最后一个熔池的根部送进 2 ~ 3 滴熔液，然后断弧，以使熔池缓慢冷却，避免接头出现冷缩孔。

③接头。接头采用热接法。接头时换焊条的速度要快，在收弧熔池还没有完全冷却时，立即在熔池后__________mm 处引弧。当电弧移至收弧熔池边缘时，将焊条向下压，听到击穿声，稍停顿，再送进 2 ~ 3 滴熔液，以保证接头过渡平整，防止形成冷缩孔，然后转入正常断弧焊法。

更换焊条时的运条轨迹如图 1–2–19 所示。电弧在①的位置重新引弧，沿焊道至接头处②的位置，长弧预热来回摆动。摆动几下（③④⑤⑥）后，在⑦的位置压低电弧。当出现熔孔并听到“________”声时，迅速断弧。这时更换焊条的接头操作结束，转入正常断弧焊法。断弧法要求每一个熔滴都准确送到欲焊位置，引弧、断弧节奏控制在 45 ~ 55 次 /min。节奏过快，坡口根部____________；节奏过慢，熔池温度过高，焊件背面焊缝会超高，甚至出现________和________现象。要求每形成一个熔池都要在其前面出现一个熔孔，熔孔的轮廓由熔池边缘和坡口两侧被熔化的缺口构成。

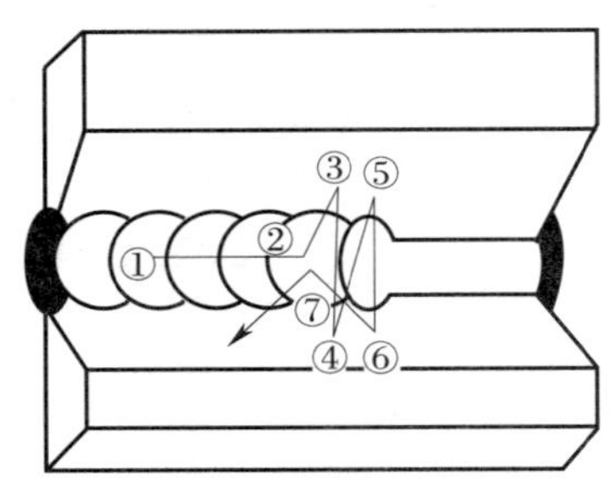

图 1–2–19 更换焊条时的运条轨迹

2）填充层焊接。焊接填充层前应对前一层焊缝仔细清渣，特别是死角处更要清理干净。焊接填充层时采用月牙形或锯齿形运条法，焊条与焊接前进方向的夹角为 80° ~ 85°。电弧摆动到两侧坡口处要稍做________，以保证两侧有一定的熔深，并使填充层焊缝略向下凹，最后一层的焊缝高度应低于母材____________________mm。要注意不能熔化坡口两侧的________，以便于焊接盖面层时控制焊缝宽度。

3）盖面层焊接。盖面层焊接电流应稍________一点，焊接时要使熔池形状和大小保持均匀、一致，采用月牙形或锯齿形运条法，焊条摆动到坡口边缘时应稍做停顿，以免产生________。更换焊条收弧时应对熔池稍填熔滴，迅速更换焊条，并在弧坑前________mm 左右处引弧，然后将电弧退至弧坑的 2/3 处，填满弧坑后正常进行焊接。接头时应注意，若接头位置偏后，则接头部位焊缝________；若偏前，则焊道________。焊接时应注意保证熔池边缘超出坡口棱边要小于 2 mm，否则焊缝超宽。盖面层的收弧采用划圈法或回焊法，最后填满弧坑使焊缝平滑。

3．在教师指导下，各小组组员独立进行 V 形坡口板对接平焊操作训练，并将练习过程中存在的问题及解决措施记录在表 1–2–20 中。

表 1–2–20　　V 形坡口板对接平焊操作中存在问题及解决措施

存在问题	解决措施

四、检验

焊接操作训练完成后，各小组分工合作，针对每名组员任务完成情况进行评价，将评价结果填入表 1–2–21 中。

表 1–2–21　　V 形坡口板对接平焊任务完成情况评分表

小组名称：______________　　组员姓名：______________

序号	考核内容	考核要点	评分标准	配分	扣分	得分
1	焊接准备	焊机、工具的焊前准备	按要求执行得 5 分；否则不得分	5		
		正确使用焊机	按要求使用得 5 分；否则不得分	5		
2	焊缝外观质量	焊缝余高	0 ~ 3 mm 得 6 分；否则不得分	6		
		焊缝余高差	≤ 2 mm 得 6 分；否则不得分	6		
		焊缝宽度	14 ~ 18 mm 得 6 分；否则不得分	6		
		焊缝宽度差	≤ 2 mm 得 6 分；否则不得分	6		
		气孔	表面无气孔得 6 分；否则不得分	6		

续表

序号	考核内容	考核要点	评分标准	配分	扣分	得分
2	焊缝外观质量	咬边	深度≤ 0.5 mm，不超过焊缝有效长度的10% 得 6 分；否则不得分	6		
		未焊透	深度≤ 0.5 mm，不超过焊缝有效长度的 15% 得 6 分；否则不得分	6		
		背面焊缝凹陷	≤ 2 mm 得 6 分；否则不得分	6		
		错边量	≤ 0.5 mm 得 5 分；否则不得分	5		
		角变形	0 ~ 1 mm 得 6 分；否则不得分	6		
		焊缝正面外表成形	成形美观，焊纹均匀、细密，高低、宽窄一致得 6 分；否则不得分	6		
		电弧擦伤	无电弧擦伤得 5 分；否则不得分	5		
3	“6S”管理实施情况	劳动保护用品	未按要求穿戴劳动保护用品不得分	8		
		焊接过程	焊接过程中有违反安全操作规程的现象不得分	8		
		现场清理	现场未清理干净，工具摆放不整齐不得分	4		
合计				100		

注：1. 采用 5 倍放大镜检查表面气孔。
2. 表面有裂纹、夹渣、未熔合、未焊透、焊穿等缺陷之一，外观按 0 分处理。
3. 焊缝未盖面，焊件有修磨、补焊等破坏焊缝表面现象，该训练任务按 0 分处理。

子活动 4　焊条电弧焊 T 形接头平角焊

焊条电弧焊平角焊广泛应用于 T 形接头、角接接头、搭接接头的平位角焊缝焊接。其中，T 形接头分单层焊法、两层焊法、多层焊法、船形焊法等形式，本活动主要学习 T 形接头平角焊两层焊法。

学习过程

一、焊件图和焊接工艺卡

1．焊件图（见图 1–2–20）

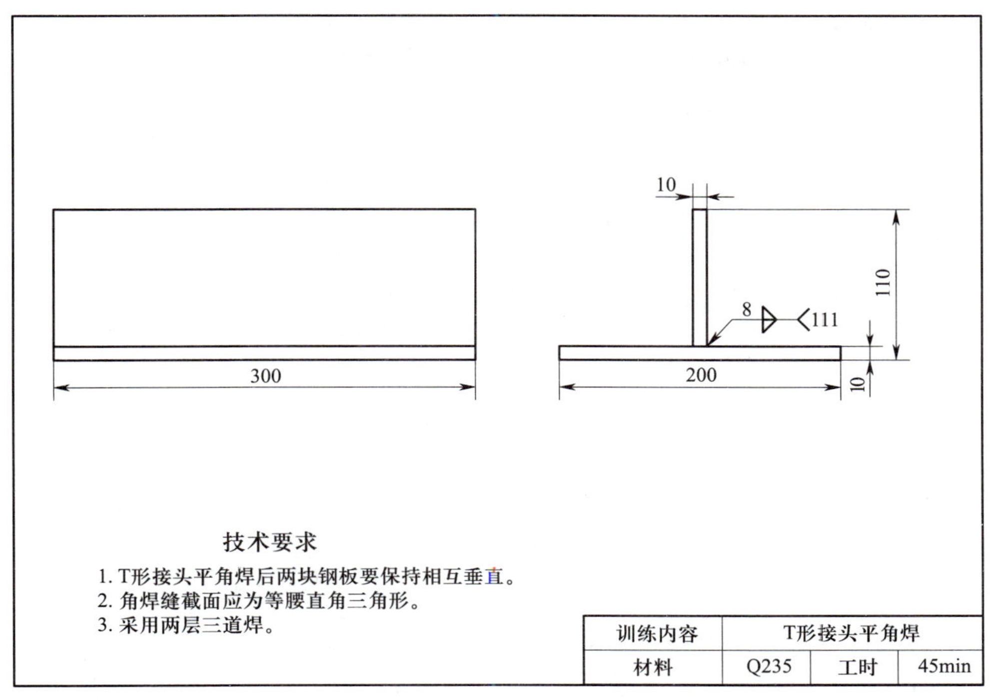

图 1-2-20　T 形接头平角焊焊件图

2．焊接工艺卡（见表 1-2-22）

表 1-2-22　　焊接工艺卡

<table>
<tr><td>工程名称</td><td colspan="3">工字梁 T 形接头平角焊</td><td>工艺卡编号</td><td colspan="3">02</td></tr>
<tr><td>材料</td><td>Q235 钢</td><td>规格</td><td>板厚为 10 mm</td><td>焊接方法</td><td>焊条电弧焊</td><td>焊工资格</td><td>特种作业操作证</td></tr>
<tr><td>焊评编号</td><td colspan="2">无</td><td>外观检验</td><td colspan="2">按照国家标准《钢结构工程施工质量验收标准》（GB 50205—2020），采用外观检验，检验比例为 100%</td><td>合格等级</td><td>Ⅱ级</td></tr>
<tr><td>适用范围</td><td colspan="7">低碳钢板 T 形接头平角焊焊缝</td></tr>
<tr><td>焊接层次</td><td>焊接电流 /A</td><td>电弧电压 /V</td><td>焊条直径 /mm</td><td>焊接速度 /（mm/min）</td><td colspan="2">焊接材料</td><td>电源种类和极性</td></tr>
<tr><td>第一层</td><td>120 ~ 140</td><td>25 ~ 26</td><td rowspan="3">3.2</td><td>180 ~ 200</td><td colspan="2" rowspan="3">E4303</td><td rowspan="3">直流反接</td></tr>
<tr><td>第二层第一道</td><td>110 ~ 130</td><td>24 ~ 25</td><td>170 ~ 190</td></tr>
<tr><td>第二层第二道</td><td>110 ~ 130</td><td>24 ~ 25</td><td>180 ~ 200</td></tr>
<tr><td>接头及坡口形式</td><td colspan="3">10
10
1 2 3</td><td>焊接技术要求</td><td colspan="3">1．在坡口及坡口边缘内、外侧各 20 mm 范围内，清除油污、锈蚀、氧化皮，直至露出金属光泽
2．根部熔深大于 2 mm
3．焊缝外观不允许有裂纹、未熔合、焊瘤、气孔、夹渣等任何缺陷，尺寸符合图样要求</td></tr>
</table>

3．认真观察下列各图，查阅资料回答问题。

（1）如图 1–2–21 所示，试区分焊接接头的基本形式。

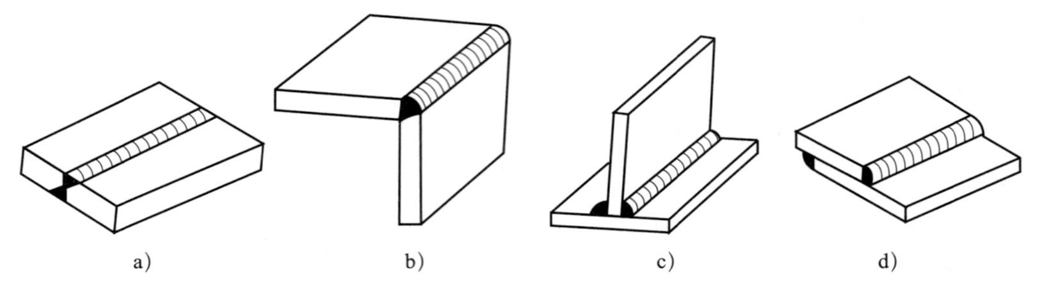

图 1–2–21　焊接接头的基本形式

焊接接头的四种基本形式分别是________接头、________接头、________接头、________接头。

（2）如图 1–2–22 所示，试区分 T 形接头不同的坡口形式。

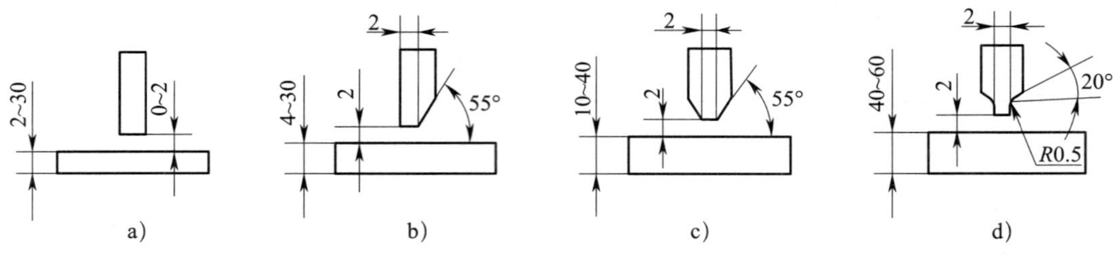

图 1–2–22　不同坡口形式的 T 形接头

T 形接头的坡口形式包括________坡口、________________坡口、________________________________坡口和________________________坡口。

（3）如图 1–2–23 所示，试识别角焊缝的空间位置。

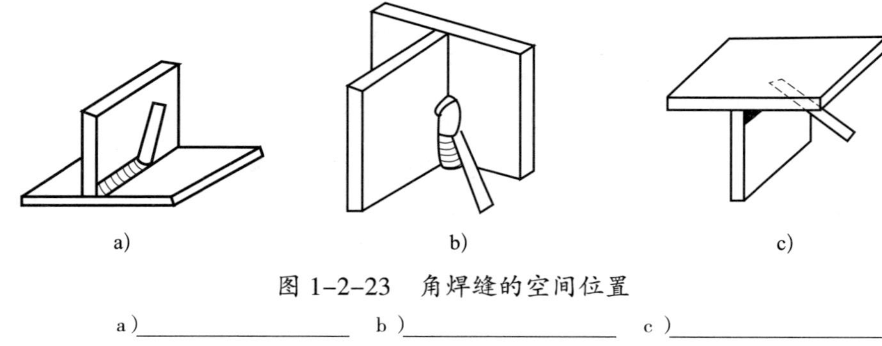

图 1–2–23　角焊缝的空间位置

a）________________　b）________________　c）________________

（4）根据图 1–2–24，认识角焊缝各部位的名称。

1）焊脚。在角焊缝的横截面中，从一个直角面上的________到另一个直角面表面的________________称为焊脚。

2）焊脚尺寸。在角焊缝的横截面中画出的最大________________三角形中____________的长度称为焊脚尺寸，用符号______表示。

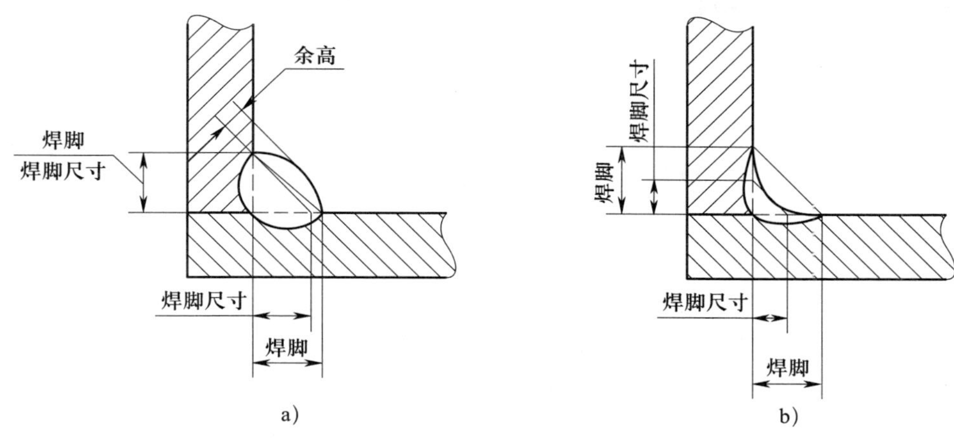

图 1-2-24　角焊缝的焊脚与焊脚尺寸

a）凸形角焊缝　b）凹形角焊缝

3）在其他条件不变的情况下，对于相同的焊脚，凸形角焊缝的焊脚尺寸________凹形角焊缝的焊脚尺寸。

4）焊脚尺寸决定焊接层数和焊道数量。一般情况下，焊脚尺寸在________mm 以下时采用单层焊，____________mm 时采用多层焊，大于________mm 时采用多层多道焊。

二、焊前准备

1．设备、工具、焊接材料、焊件准备

（1）设备：____________________型逆变式直流弧焊机。

（2）工具：____等。

（3）焊接材料：型号为________________，直径为________mm。

（4）焊件：材料为____________，厚度为____________mm，尺寸规格为__________________________、________________________________各一块。清除焊件接头待焊区域坡口两侧各 20 mm 范围内的油污、锈蚀、水分及其他污物，直至露出金属光泽。

2．焊前安全检查项目要求

（1）场地：____。

（2）设备：____。

（3）工具：____。

（4）夹具：________________。

（5）劳动保护用品：____。

三、装配与焊接

1．焊件装配

（1）定位焊

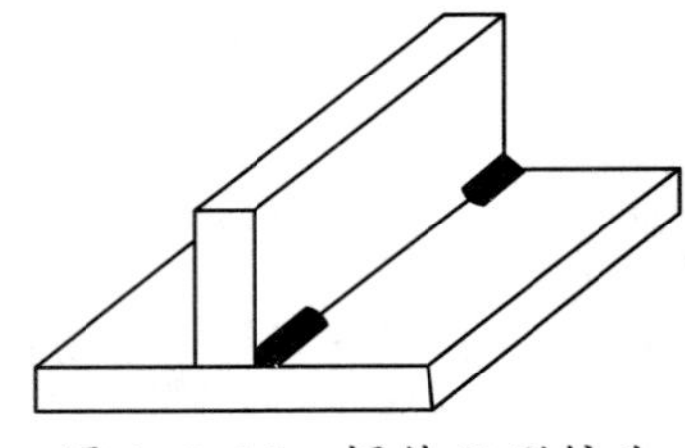

图 1-2-25 焊件 T 形接头装配及定位焊

如图 1-2-25 所示，首先将焊件装配成 90°________接头，不留间隙。定位焊时，使用与正式焊接相同型号的焊条，定位焊的位置应在焊件两端的对称处，定位焊缝长度为____________mm。

（2）注意事项

装配前采取划线定位方式确定两块焊件的相对位置。考虑焊接变形问题，装配及定位焊时应预置____________。装配及定位焊完成后应矫正焊件，保证立板的____________，清理干净接口周围 20 mm 内的油污、锈蚀、飞溅物等。

2．焊件焊接

观看教师焊条电弧焊 T 形接头平角焊示范操作及操作视频，完成下列引导问题。

（1）如图 1-2-26 所示，平角焊时，焊条与 T 形接头两块钢板的夹角一般为________，与焊接方向成____________角。

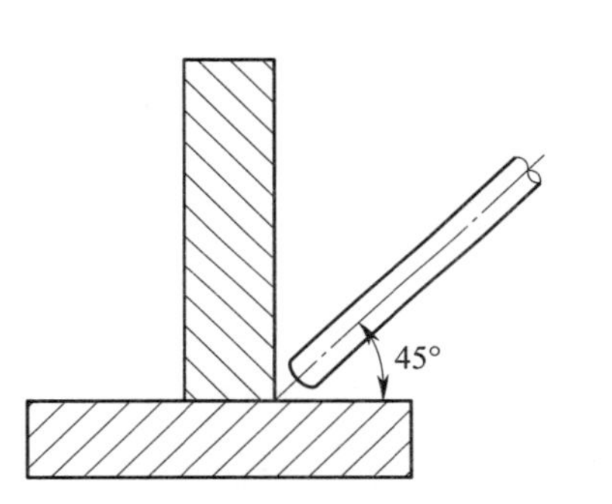

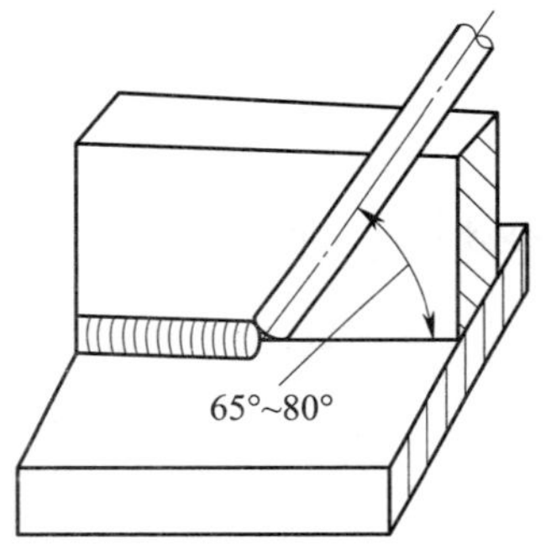

图 1-2-26 平角焊时的焊条角度

（2）如图 1-2-27 所示，根据 T 形接头平角焊焊缝分布情况，画图表示两层三道焊时各焊道焊条角度的变化。

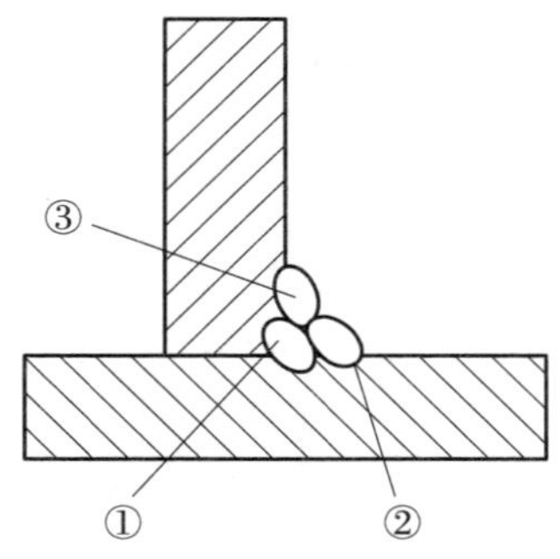

图 1-2-27 T 形接头平角焊焊缝分布情况

（3）记录主要焊接参数（见表 1-2-23）。

表 1-2-23　　T 形接头平角焊主要焊接参数

焊接层次	焊条直径 /mm	焊接电流 /A	电弧电压 /V	焊接速度 /（mm/min）
第一层			25 ~ 26	180 ~ 200
第二层 第一道			24 ~ 25	170 ~ 190
第二层 第二道			24 ~ 25	180 ~ 200

（4）焊接操作要点

T 形接头平角焊操作步骤和要点见表 1-2-24。

表 1-2-24　　T 形接头平角焊操作步骤和要点

操作步骤	图示	操作要点
第一层 打底单道焊	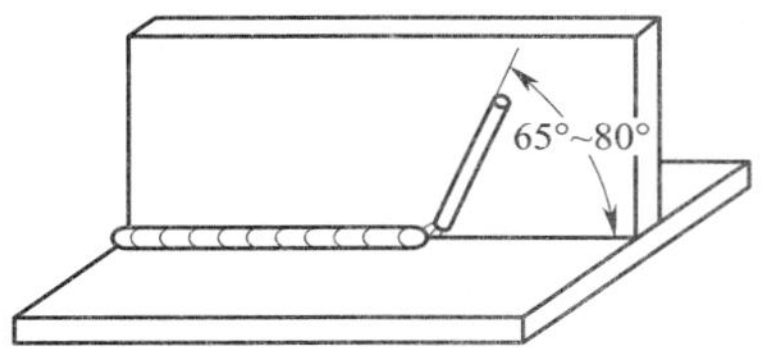	焊接打底层起弧时，在距始焊端约 10 mm 处引弧，然后将电弧拉到始焊端，弧长约 10 mm，停顿 1 ~ 2 s，迅速压低电弧，弧长保持为 2 ~ 4 mm，开始正常焊接。采用直线形运条法时，焊条角度如图所示。焊接时采用短弧，焊接速度要均匀，焊条与 T 形接头两块钢板的夹角为 45°，与焊接方向的夹角为 65° ~ 80°，注意控制熔池形状，防止产生咬边、夹渣等缺陷
第二层 盖面两道焊	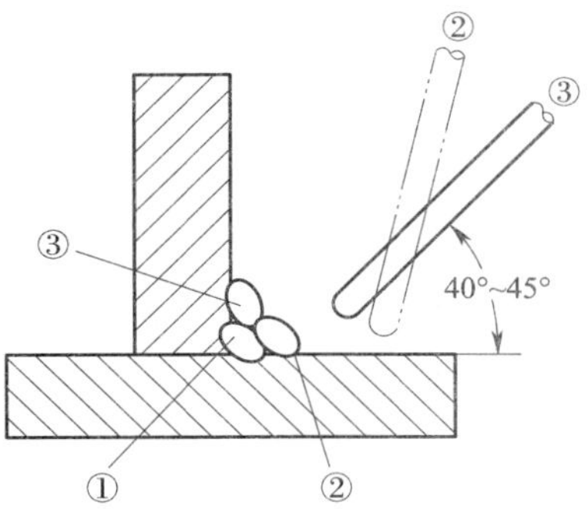	焊接盖面层前应清理干净焊渣和飞溅物。焊接时，焊条中心线对准打底层焊缝与水平板或立板的焊趾处，焊条角度要有适当的变化；焊缝表面应光滑，略内凹，避免立板侧出现咬边；焊脚对称并符合尺寸要求 （1）第二道焊缝的焊接：焊条中心线对准打底层焊缝和水平板之间的焊趾处，焊条与水平板的夹角大于 45°。焊条沿直线运条要稳，焊缝要覆盖第一层焊缝的 1/2 ~ 2/3；焊缝与水平板之间应熔合良好，边缘整齐；焊接速度比焊接打底层时稍慢 （2）第三道焊缝的焊接：操作同第二道焊缝，焊条与水平板的夹角小于 45°，焊缝要覆盖第二道焊缝的 1/3 ~ 1/2。焊接速度要均匀，不能太慢；否则易产生咬边或焊瘤等缺陷，使焊缝成形不美观
另一面焊缝 两层三道焊	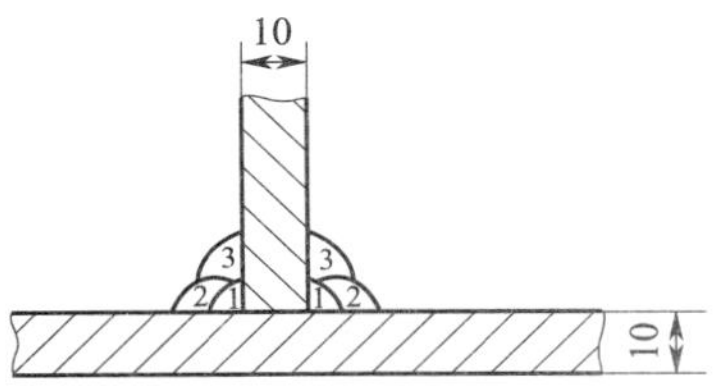	与前面焊缝操作一致

续表

操作步骤	图示	操作要点
焊缝清理		焊后清理焊渣和飞溅物，注意不得破坏焊缝金属原始表面

3．小组讨论，分析平角焊产生夹渣、焊脚尺寸不对称、咬边、未熔合等缺陷的原因。

4．在教师指导下，各小组组员独立进行 T 形接头平角焊操作训练，并将练习过程中存在的问题及解决措施记录在表 1-2-25 中。

表 1-2-25　T 形接头平角焊操作中存在问题及解决措施

存在问题	解决措施

四、检验

焊接操作训练完成后，各小组分工合作，针对每名组员任务完成情况进行评价，将评价结果填入表 1-2-26 中。

表 1-2-26　　T 形接头平角焊任务完成情况评分表

小组名称：____________　　组员姓名：____________

序号	考核内容	考核要点	评分标准	配分	扣分	得分
1	焊接准备	焊机、工具的焊前准备	按要求执行得 5 分；否则不得分	5		
		正确使用焊机	按要求使用得 5 分；否则不得分	5		
2	焊缝外观质量	焊脚尺寸	8 ~ 9 mm 得 10 分；否则不得分	10		
		焊缝凸度	≤ 2.0 mm 得 10 分；否则不得分	10		
		咬边	深度≤ 0.5 mm，不超过焊缝有效长度的 10% 得 10 分；否则不得分	10		
		电弧擦伤	无电弧擦伤得 10 分；否则不得分	10		
		焊道层数	两层三道焊得 10 分；否则不得分	10		
		垂直度	误差≤ 1.0 mm 得 10 分；否则不得分	10		
		气孔	表面无气孔得 10 分；否则不得分	10		
3	“6S”管理实施情况	劳动保护用品	未按要求穿戴劳动保护用品不得分	8		
		焊接过程	焊接过程中有违反安全操作规程的现象不得分	8		
		现场清理	现场未清理干净，工具摆放不整齐不得分	4		
合计				100		

注：1. 采用 5 倍放大镜检查表面气孔。
2. 表面有裂纹、夹渣、未熔合、未焊透、焊穿等缺陷之一，外观按 0 分处理。
3. 焊缝未盖面，焊件有修磨、补焊等破坏焊缝表面现象，该训练任务按 0 分处理。

子活动 5　学习活动评价

根据学习活动 2 的学习过程，完成本学习活动评价，将评价结果填入表 1–2–27 中。

表 1–2–27　学习活动评价

<table>
<tr><td colspan="2">学习活动名称</td><td></td><td>小组名称</td><td></td><td>组员姓名</td><td colspan="4"></td></tr>
<tr><td colspan="2" rowspan="3">评价项目</td><td rowspan="3">评价内容</td><td colspan="2" rowspan="3">评价标准</td><td rowspan="3">分值</td><td colspan="3">评价方式</td><td rowspan="3">得分小计</td></tr>
<tr><td>自我评价</td><td>小组评价</td><td>教师评价</td></tr>
<tr><td>10%</td><td>40%</td><td>50%</td></tr>
<tr><td rowspan="4">关键能力</td><td rowspan="2">社会能力</td><td>团队协作能力</td><td colspan="2">团队合作意识强，有效发挥个人作用</td><td>10</td><td></td><td></td><td></td><td></td></tr>
<tr><td>沟通表达能力</td><td colspan="2">沟通能力强，表达准确、规范</td><td>10</td><td></td><td></td><td></td><td></td></tr>
<tr><td rowspan="2">方法能力</td><td>学习方法能力</td><td colspan="2">自主学习能力强，学习方法正确</td><td>10</td><td></td><td></td><td></td><td></td></tr>
<tr><td>解决问题能力</td><td colspan="2">解决问题方法正确，措施得当</td><td>10</td><td></td><td></td><td></td><td></td></tr>
<tr><td colspan="2" rowspan="5">专业能力</td><td>安全、文明操作能力</td><td colspan="2">劳动保护用品穿戴整齐，劳动纪律贯彻严格，“6S”管理开展有序</td><td>10</td><td></td><td></td><td></td><td></td></tr>
<tr><td>工艺文件识读能力</td><td colspan="2">明确焊件图及焊接工艺卡技术要求、质量要求</td><td>10</td><td></td><td></td><td></td><td></td></tr>
<tr><td>焊前准备能力</td><td colspan="2">设备、工具、焊件、焊接材料准备妥当，焊件装配及定位焊符合图样要求</td><td>10</td><td></td><td></td><td></td><td></td></tr>
<tr><td>焊接操作能力</td><td colspan="2">设备和工具使用规范，操作要领运用熟练，焊接质量达到要求，工艺措施得当，焊后清理干净、整洁，设备和工具保养良好</td><td>20</td><td></td><td></td><td></td><td></td></tr>
<tr><td>焊后检验能力</td><td colspan="2">检验工具使用熟练，检验结果记录科学，检验表格填写规范</td><td>10</td><td></td><td></td><td></td><td></td></tr>
<tr><td colspan="2">指导教师综合评价</td><td colspan="8">得分总计：

指导教师签名：　　　　　　　　日期：</td></tr>
</table>

学习活动 3　制 订 计 划

学习目标

1. 能通过技术交底和有效沟通明确工字梁的焊接顺序、质量控制关键点、特殊要求、质量检验方法等，确定相应的预防和控制措施。

2. 能根据产品加工流程编写工字梁焊接工作计划。

3. 能集体讨论、审定工作计划。

4. 能根据审定意见完善工作计划。

学习活动描述

依据工字梁的结构特点、装配及焊接工艺要求，编制、审定工字梁焊接工作计划，明确工字梁焊接的任务、指标、完成时间和操作步骤，评价本活动学习成效。

子活动与建议学时

子活动 1　工作计划编写　　10 学时

子活动 2　工作计划审定　　7 学时

子活动 3　学习活动评价　　1 学时

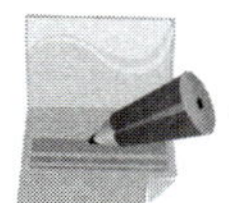

学习准备

资料与材料：工作页、技术标准、焊接工艺文件、专业书籍等。

设备与工具：多媒体教学设备等。

子活动 1　工作计划编写

焊接结构从原材料到成品需要经过设计、下料、装配、焊接、检验等诸多环节。实施工字梁焊接任务，需要了解工字梁的生产工艺流程、结构特点、装配及焊接工艺要求，这样才能对工字梁焊接的各环节做好规划和安排，编制出合理的工作计划。

学习过程

一、工字梁生产工艺流程

根据客户需求不同，工字梁的焊接加工在企业实际生产中一般有单件、小批量生产和批量流水线生产两种情形。工字梁批量流水线生产的工艺流程如图 1-3-1 所示。

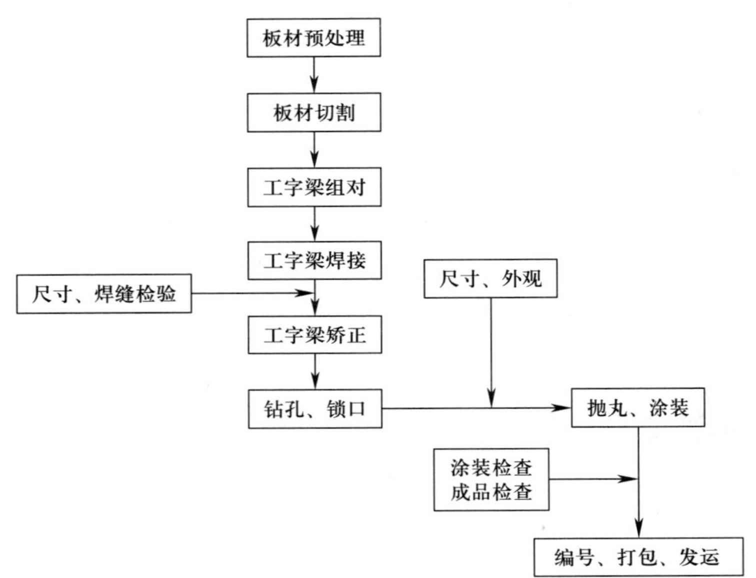

图 1-3-1　工字梁批量流水线生产的工艺流程

1. 参考企业工字梁的批量流水线生产工艺流程，结合学习活动 2 技能准备的相关内容，列举本学习任务具体涉及的工艺流程。

2．板材预处理的目的是什么？常用方法有哪些？

3．查看生产任务单及焊件图，结合本专业实训车间现有资源，可以采取哪些切割方法完成工字梁板材的下料工作？哪种方法最适合本学习任务？

4．焊接生产中应用的装配方法可根据焊接结构的形状和尺寸、复杂程度以及生产性质等进行选择。装配的基本方法主要有以下几种：

（1）按定位方式可分为________________装配法和________________装配法。

（2）按装配地点可分为________________装配法和____________________装配法。

（3）按装配、焊接顺序可分为________组装法和________组装法，其中________组装法又分为随装随焊法和整装整焊法。

5．装配工字梁时必须选择正确的装配方法和合理的装配工艺，焊接结构的装配质量直接影响产品质量。如图 1-3-2 所示为工字梁的装配方法，试分析并回答下列问题。

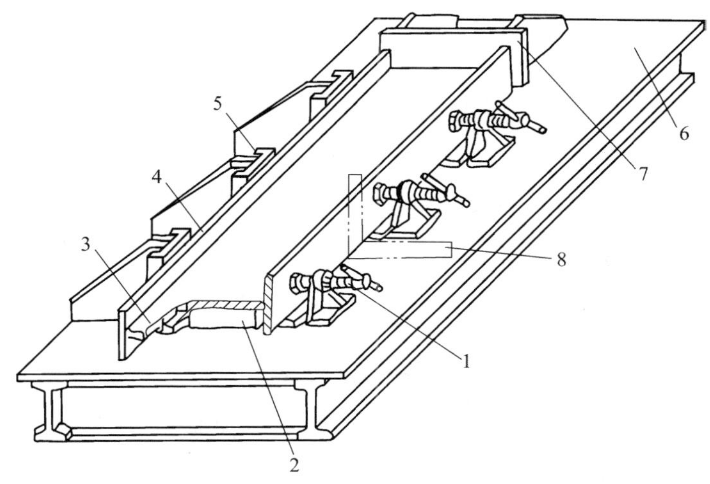

图 1-3-2　工字梁的装配方法

1—调节螺杆　2—垫铁　3—腹板　4—翼缘板　5、7—定位挡铁　6—装配平台　8—直角尺

（1）将零件装配成部件的过程称为____________________，将零件或部件装配成最终产品的过程称为________。

（2）结构的装配主要有三个基本条件，即________、________、________。

（3）工字梁定位时，其两翼缘板 4 的相对位置由＿＿＿＿＿＿和＿＿＿＿＿＿确定，端部由＿＿＿＿＿＿定位。

（4）工字梁的翼缘板与腹板间相对位置确定后，通过＿＿＿＿＿＿＿＿＿＿实现夹紧。

（5）工字梁定位及夹紧后，需测量两翼缘板的＿＿＿＿＿＿＿＿＿＿，腹板与翼缘板的＿＿＿＿＿＿等多项指标。

（6）在焊接结构装配过程中，焊件在夹具或装配平台上定位时，用来确定焊件位置的点、线、面称为定位基准。在图 1–3–2 中，＿＿＿＿＿＿的工作面既是整个工字梁的定位基准面，又是其装配时的支承面。

6．根据工字梁图样（见图 1–1–1），查阅资料，描述本学习任务工字梁的装配、焊接流程及相关要求，完成下列问题。

（1）第一步：装配、焊接前首先完成＿＿＿＿＿＿＿＿＿＿平对接拼焊、＿＿＿＿平对接拼焊，拼焊焊缝均采用焊条电弧焊＿＿＿＿＿＿＿＿对接平焊，要求＿＿＿＿＿＿＿＿＿＿成形。

（2）第二步：以＿＿＿＿＿＿＿＿作为装配基准，划线确定＿＿＿＿及＿＿＿＿＿＿＿＿的位置，进行装配、定位焊。

（3）第三步：完成＿＿＿＿＿＿＿＿＿＿与＿＿＿＿T 形接头组焊，组焊焊缝采用焊条电弧焊＿＿＿接头平焊。根据以上装配、焊接顺序，工字梁采用的是＿＿＿＿＿＿＿＿装配工艺方法。

7．结构件装配完成后需要正确、合理地选择测量基准，准确完成零件定位所需的测量项目，测量时一般以什么为基准？测量的项目有哪些？

8．制定合理的焊接方案可以减少工字梁焊接过程中的焊接变形，如图 1–3–3 所示为工字梁焊缝焊接顺序图，表 1–3–1 所列的工字梁焊接方案中哪种方案对于控制焊接结构变形是最优的？如果该工字梁由一个焊工独立完成焊接工作，应选择哪个方案？

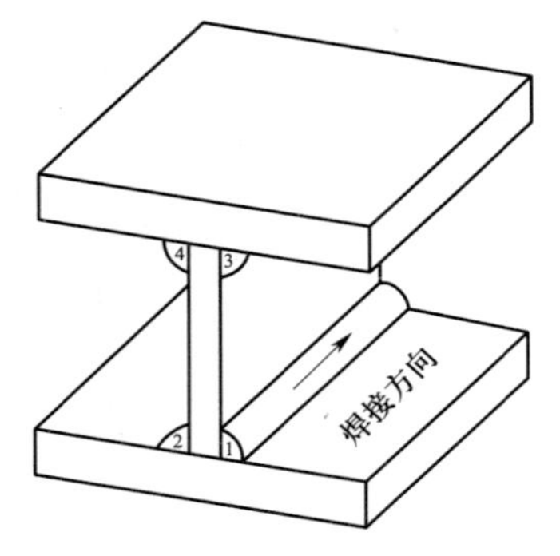

图 1–3–3　工字梁焊缝焊接顺序图

表 1-3-1　　工字梁焊接方案

焊接方案	焊接顺序	变形控制优劣排序	独立施焊最优方案选择
A	焊缝 1 →焊缝 2 →焊缝 3 →焊缝 4		
B	焊缝 1、焊缝 2 同时焊接→焊缝 3、焊缝 4 同时焊接		
C	焊缝 1 →焊缝 3 →焊缝 2 →焊缝 4		
D	焊缝 1 →焊缝 4 →焊缝 3 →焊缝 2		

9．如图 1-3-4 所示，试区分长焊缝不同焊接顺序的焊法。本学习任务工字梁的上、下翼缘板与腹板 T 形接头平角焊焊缝是长焊缝，实际焊条电弧焊时应如何控制焊缝的焊接变形？

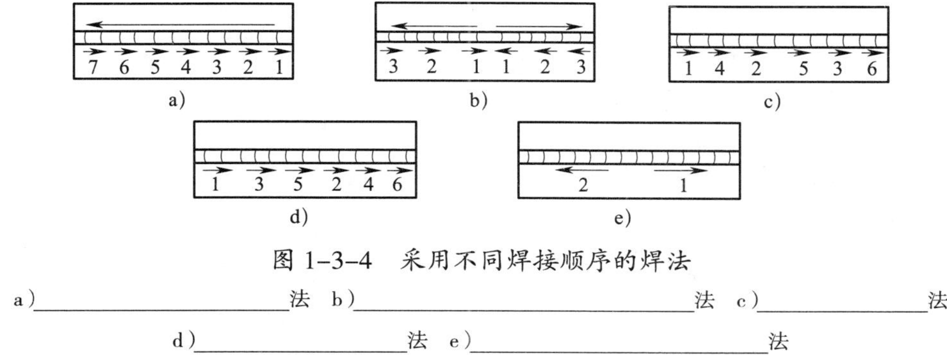

图 1-3-4　采用不同焊接顺序的焊法

a）________________法　b）________________法　c）________________法

d）________________法　e）________________法

10．焊接变形在焊接结构中的分布是很复杂的，按照变形的外观形态不同可以分为哪几种基本形式？工字梁焊接过程中会产生哪些变形？

11．结构件装配、焊接完成后需要进行焊后检验，当焊接结构中的残余变形超出技术要求的变形范围时，就必须对焊件的变形进行矫正，常见的焊接变形矫正方法有哪些？以小组为单位，查找、收集不同焊接变形矫正的案例，小组展示并汇报不同案例的焊接变形矫正过程。

二、工作计划编写

根据工字梁焊接工艺流程及具体工作内容，各组组员相互交流，明确各环节工作要求、负责人和用时，编写小组工作计划，见表 1–3–2。

表 1–3–2　　工字梁焊接工作计划

小组名称：________________　　日期：______年____月____日

序号	工作内容	工作要求	负责人	用时
1				
2				
3				
4				
5				
6				
7				
8				

子活动 2　工作计划审定

工作计划审定是对初定计划的审核与确定。对初定计划进行讨论、分析，去除不合理、不正确的内容，修订完善各小组工作计划。

学习过程

一、展示小组工作计划，阐述编写内容和依据。

二、教师审定各组工作计划，分析各组工作计划中存在的问题，提出意见或建议。各小组将相关内容记录在表 1–3–3 中。

表 1–3–3　　工作计划修改记录

小组名称：____________　　日期：______年____月____日

序号	存在问题	修改意见
1		
2		
3		
4		
5		
6		
7		

三、根据各组审定意见和教师点评，各小组对工作计划进行修改及完善，填写表 1–3–4。

表 1–3–4　　工字梁焊接实际工作计划

小组名称：________________　　　　日期：______年____月____日

序号	工作内容	工作要求	负责人	用时
1				
2				
3				
4				
5				
6				
7				
8				

子活动 3　学习活动评价

根据学习活动 3 的学习过程，完成本学习活动评价，将评价结果填入表 1–3–5 中。

表 1–3–5　　学习活动评价

<table>
<tr><td colspan="2">学习活动名称</td><td></td><td>小组名称</td><td></td><td>组员姓名</td><td colspan="4"></td></tr>
<tr><td colspan="2" rowspan="3">评价项目</td><td rowspan="3">评价内容</td><td colspan="2" rowspan="3">评价标准</td><td rowspan="3">分值</td><td colspan="3">评价方式</td><td rowspan="3">得分小计</td></tr>
<tr><td>自我评价</td><td>小组评价</td><td>教师评价</td></tr>
<tr><td>10%</td><td>40%</td><td>50%</td></tr>
<tr><td rowspan="4">关键能力</td><td rowspan="2">社会能力</td><td>团队协作能力</td><td colspan="2">团队合作意识强，有效发挥个人作用</td><td>15</td><td></td><td></td><td></td><td></td></tr>
<tr><td>沟通表达能力</td><td colspan="2">沟通能力强，表达准确、规范</td><td>20</td><td></td><td></td><td></td><td></td></tr>
<tr><td rowspan="2">方法能力</td><td>学习方法能力</td><td colspan="2">自主学习能力强，学习方法正确</td><td>10</td><td></td><td></td><td></td><td></td></tr>
<tr><td>解决问题能力</td><td colspan="2">解决问题方法正确，措施得当</td><td>20</td><td></td><td></td><td></td><td></td></tr>
</table>

续表

<table>
<tr><th rowspan="3">评价项目</th><th rowspan="3">评价内容</th><th rowspan="3">评价标准</th><th rowspan="3">分值</th><th colspan="3">评价方式</th><th rowspan="3">得分小计</th></tr>
<tr><th>自我评价</th><th>小组评价</th><th>教师评价</th></tr>
<tr><th>10%</th><th>40%</th><th>50%</th></tr>
<tr><td rowspan="2">专业能力</td><td>安全、文明操作能力</td><td>劳动保护用品穿戴整齐，劳动纪律贯彻严格，“6S”管理开展有序</td><td>15</td><td></td><td></td><td></td><td></td></tr>
<tr><td>工艺分析能力</td><td>工艺流程制定合理，关键质量控制点识别准确</td><td>20</td><td></td><td></td><td></td><td></td></tr>
<tr><td>指导教师综合评价</td><td colspan="7">得分总计：

指导教师签名：　　　　　　　　日期：</td></tr>
</table>

学习活动4 任务实施

学习目标

1. 能根据工作计划完成工字梁焊前各项准备工作。

2. 能根据焊接工艺文件进行工字梁装配，确认装配质量符合要求。

3. 能根据工字梁的结构和焊接变形特点，合理安排焊接顺序，确定合理的预防焊接变形措施。

4. 能严格执行焊接工艺文件，熟练运用焊条电弧焊完成工字梁焊接。

5. 能使用检测工具完成工字梁的焊后检查。

6. 能解决工字梁焊接工作过程中的常见和复杂问题。

学习活动描述

在前面任务学习的基础上，严格按照工作计划及焊接工艺文件完成工字梁的焊接任务。

子活动与建议学时

子活动1　焊前准备	6学时
子活动2　装配与焊接	48学时
子活动3　学习活动评价	2学时

学习准备

资料与材料：工作页、技术标准、焊接工艺文件、专业书籍、钢板、焊条等。

设备与工具：多媒体教学设备、打印机、焊条电弧焊设备、焊接辅助工具、夹具、通风及除尘设备等。

子活动 1　焊 前 准 备

工字梁焊前准备主要包括焊接设备、材料、工具和场地准备以及焊前安全检查等内容，焊工需要做好焊接的个人安全防护工作，以保障焊接的顺利实施。

学习过程

一、设备、工具、焊接材料、焊件准备

1．设备准备

（1）焊机：________________________，极性接法：________。

（2）焊钳：________A。

2．工具准备

（1）焊接辅助工具：____等。

（2）测量工具：____等。

（3）装配工具和夹具：________________________等。

3．焊接材料准备

（1）焊条型号：________。

（2）规格：________mm、________mm 两种。

（3）烘干温度：________℃，保温时间：________h。

4．焊件准备

（1）钢板材料为________，厚度为________mm。

（2）尺寸规格

1）上翼缘板________________、________________各一块。

2）下翼缘板________________、________________各一块。

3）腹板________________两块。

（3）下料方法：________________切割下料。

（4）下料要求：根据机械行业标准《热切割　质量和几何技术规范》（JB/T 10045—2017），钢板预留加工余量 2 mm。焊件的拼接处开 V 形坡口，坡口面角度为 30°。下料完毕，应对钢板切割面进行检查，要求切割尺寸误差为 ±2 mm，其切割面应无裂纹、夹渣和大于 1 mm 的缺棱。测量焊件尺寸是否符合要求，填写焊件尺寸实测记录表，见表 1–4–1。

表 1–4–1 焊件尺寸实测记录表 mm

序号	材料名称	标称值		实测值	误差值
1	上翼缘板 1	长			
		宽			
		厚			
2	上翼缘板 2	长			
		宽			
		厚			
3	下翼缘板 1	长			
		宽			
		厚			
4	下翼缘板 2	长			
		宽			
		厚			
5	腹板 1	长			
		宽			
		厚			
6	腹板 2	长			
		宽			
		厚			

（5）焊前清理：清除焊件接头待焊区域坡口两侧各________mm 范围内的油污、锈蚀、水分及其他污物，直至露出金属光泽。

二、场地准备与安全检查

焊前需对场地、工具、夹具和设备等进行安全检查，填写安全检查点检表，见表 1–4–2。

表 1–4–2 安全检查点检表

检查项目	是否正常（正常打“√”，异常打“×”）	异常情况处理方法
场地周边无易燃、易爆物品		
场地不存在安全隐患		
通风及除尘设备运行良好		

续表

检查项目	是否正常 （正常打“√”，异常打“×”）	异常情况处理方法
焊机一次侧线连接无松动、裸露		
焊机二次侧线连接无松动、裸露		
焊机控制面板调节功能正常		
焊钳完好无损		
焊机能正常引弧、焊接、收弧		
焊接平台和夹具稳定可靠		
工具和设备正常		
个人劳动保护用品穿戴规范		

子活动 2　装配与焊接

装配和焊接是工字梁焊接中最主要的施工环节。装配质量的高低影响焊接工作能否顺利进行，焊接参数的选用和焊接操作手法决定着焊接质量的好坏。

学习过程

一、工字梁装配

工字梁装配前，应熟悉产品图样和工艺规程，选择好装配基准和装配方法，完成装配设备、工具、量具的准备，针对零部件进行预检与除锈。

1．翼缘板和腹板拼焊

（1）按照工字梁图样的技术要求（见图 1–1–1）和焊接工艺卡要求（见表 1–1–2 和表 1–1–3），分别对翼缘板、腹板进行拼焊，合理选择焊接参数，将实际相关参数记录在表 1–4–3 中。

表 1–4–3　　拼焊焊接参数记录表

焊接层次	焊条直径 /mm	焊接电流 /A	电弧电压 /V	焊条与焊件表面夹角 /（°）
打底层				
填充层				
盖面层				

（2）在翼缘板和腹板拼焊过程中遇到了哪些问题？应如何处理？

（3）拼焊完成后，检验拼焊焊缝质量，将检验结果填入表 1-4-4 和表 1-4-5 中。

表 1-4-4　　翼缘板拼焊焊缝质量检验记录表

序号	检验项目	焊接质量要求	检验结果
1	焊缝余高	正面 0 ~ 3 mm、背面 0 ~ 2 mm	
2	焊缝余高差	≤ 2 mm	
3	焊缝宽度	14 ~ 18 mm	
4	焊缝宽度差	≤ 2 mm	
5	气孔	表面无气孔	
6	咬边	深度≤ 0.5 mm，不超过焊缝有效长度的 10%	
7	未焊透	深度≤ 0.5 mm，不超过焊缝有效长度的 15%	
8	背面焊缝凹陷	≤ 2 mm	
9	错边量	≤ 0.5 mm	
10	角变形	0 ~ 1 mm	
11	焊缝正面外表成形	成形美观，焊纹均匀、细密，高低、宽窄一致	
12	电弧擦伤	无	

表 1-4-5　　腹板拼焊焊缝质量检验记录表

序号	检验项目	焊接质量要求	检验结果
1	焊缝余高	正面 0 ~ 3 mm、背面 0 ~ 2 mm	
2	焊缝余高差	≤ 2 mm	

续表

序号	检验项目	焊接质量要求	检验结果
3	焊缝宽度	14 ~ 18 mm	
4	焊缝宽度差	≤ 2 mm	
5	气孔	表面无气孔	
6	咬边	深度≤ 0.5 mm，不超过焊缝有效长度的 10%	
7	未焊透	深度≤ 0.5 mm，不超过焊缝有效长度的 15%	
8	背面焊缝凹陷	≤ 2 mm	
9	错边量	≤ 0.5 mm	
10	角变形	0 ~ 1 mm	
11	焊缝正面外表成形	成形美观，焊纹均匀、细密，高低、宽窄一致	
12	电弧擦伤	无	

（4）检验翼缘板、腹板焊件外观尺寸，填入记录表 1–4–6 中。

表 1–4–6　　翼缘板、腹板外观尺寸记录表　　mm

序号	材料名称	标称值		实测值	误差值
1	上翼缘板	长	1 000		
		宽	150		
		厚	10		
2	下翼缘板	长	1 000		
		宽	150		
		厚	10		
3	腹板	长	1 000		
		宽	300		
		厚	10		

2．翼缘板与腹板装配

如图 1–4–1 所示为借助吊具进行工字梁划线、定位及装配过程，具体装配流程包括划线及安装定位角铁和吊具、装配 T 形梁、装配工字梁。

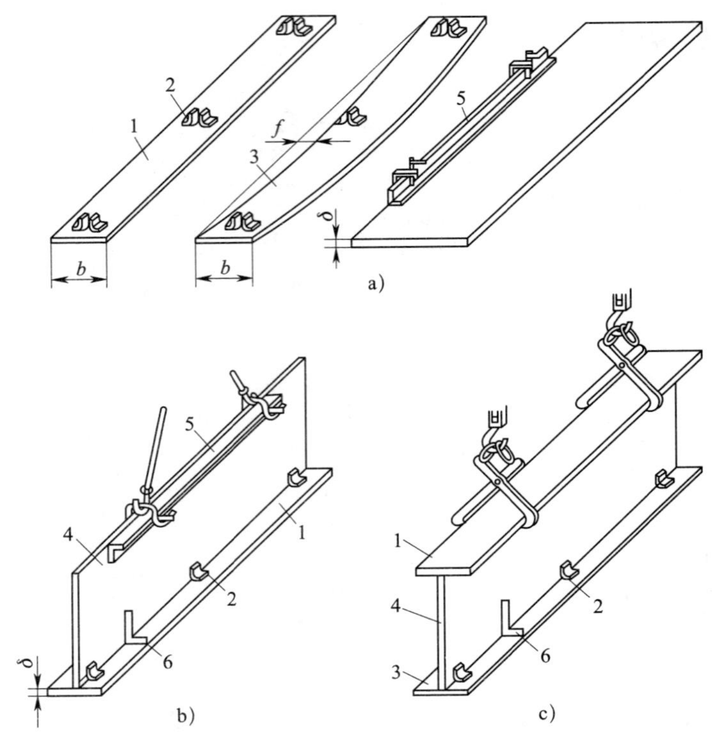

图 1–4–1　工字梁划线、定位及装配过程

a）划线及安装定位角铁和吊具　b）装配 T 形梁　c）装配工字梁

1、3—翼缘板　2—定位角铁　4—腹板　5—吊具　6—直角尺

（1）翼缘板与腹板装配前的清理有什么要求？上、下翼缘板拼接焊缝对工字梁装配有什么影响？

（2）在图 1–4–1 中，划线与安装定位角铁有什么具体要求？

（3）装配T形梁时，将腹板放置在下翼缘板的位置线上进行装配及定位焊，结合工字梁装配及定位焊示意图（见图1–4–2），小组讨论分析具体装配与定位焊要求是什么？

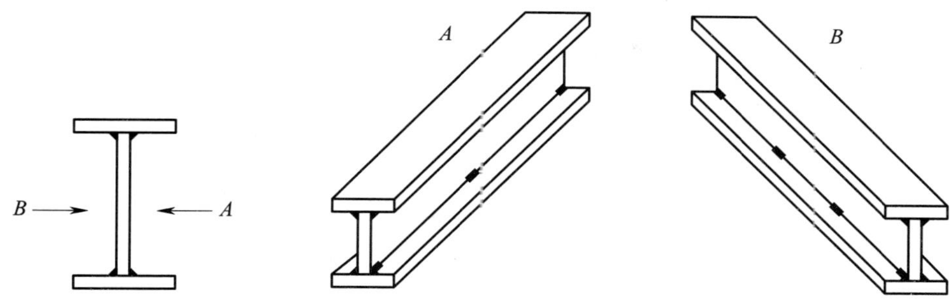

图1–4–2　工字梁装配及定位焊示意图

（4）装配工字梁时，需要翻转T形梁，并以相同方式将下翼缘板与腹板的组件在上翼缘板的位置线上进行装配及定位焊，定位焊缝和上、下翼缘板拼接焊缝有什么要求？

（5）装配质量检验

检验工字梁装配后的质量，填写记录表1–4–7。

表1–4–7　工字梁装配质量检验记录表

序号	检查项目	标称值		允许偏差	实测值	误差值
1	工字梁总体尺寸	总长度 L/mm	1 000	± 2.0 mm		
		截面宽度 b/mm	150	± 3.0 mm		
		截面高度 h/mm	320	± 2.0 mm		

续表

序号	检查项目	标称值	允许偏差	实测值	误差值
2	腹板中心偏移 e	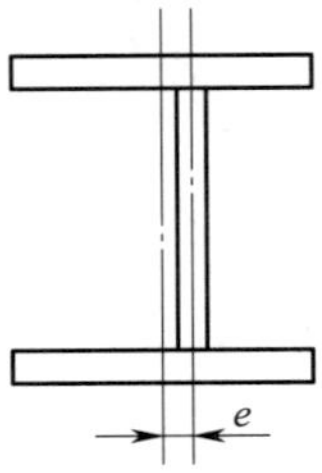	2.0 mm		
3	翼缘板垂直度 Δ	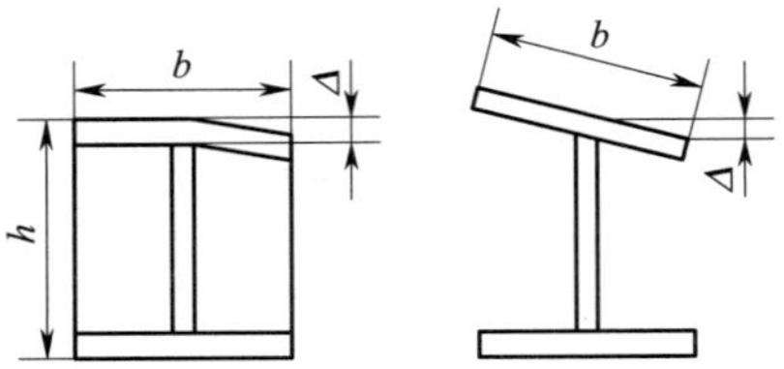	$\Delta=b/100$ 且 $\leqslant$ 3.0 mm		
4	两翼缘板平行度	以下翼缘板为基准，两翼缘板平行	<2.0 mm		
5	下翼缘板与腹板的垂直度	翼缘板与腹板相互垂直	± 1°		
6	上翼缘板与腹板的垂直度	翼缘板与腹板相互垂直	± 1°		
7	各定位焊缝长度	10 ~ 15 mm	± 1.0 mm		

二、工字梁焊接

1．焊接参数的选择

合理选择焊接参数，将实际选用的焊接参数记录在表 1–4–8 中。

表 1–4–8　　工字梁焊接参数记录表

焊接层次	焊条直径 /mm	焊接电流 /A	电弧电压 /V	焊条与焊件表面夹角 /（°）
第一层				
第二层 第一道				
第二层 第二道				

2．焊接顺序的确定

各小组合作完成工字梁焊接工作，要求各道焊缝按顺序完成。依据本组工作计划，标注工字梁焊接顺序，说明焊缝的焊接方向及焊接要求，填写表 1–4–9。

表 1–4–9　　工字梁焊接顺序、方向及焊接要求

项目	标注图示	说明
工字梁焊接顺序标注	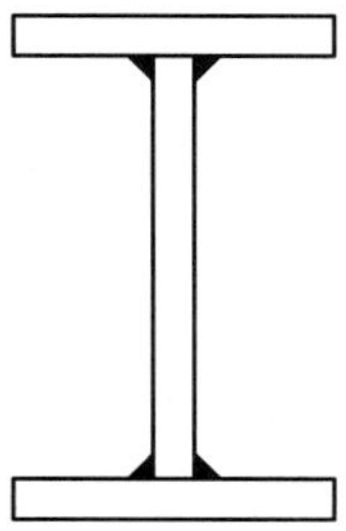	
焊缝的焊接方向及焊接要求	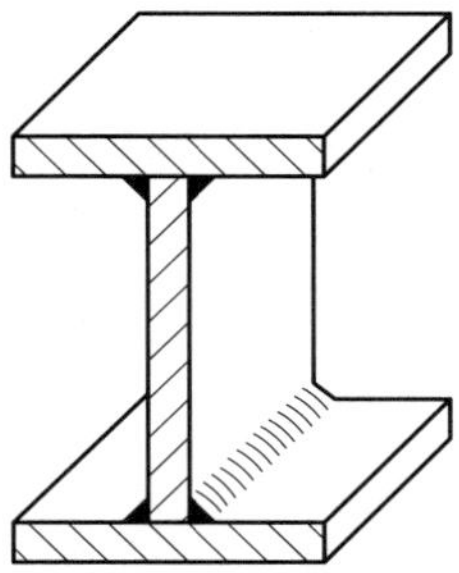	

3．焊接任务实施

以小组为单位，按照本组工字梁焊接实际工作计划（见表 1–3–4），实施工字梁焊接任务，并将整个工作过程如实、完整地记录在表 1–4–10 中。

表 1-4-10 工作过程记录表

序号	工作内容	人员分工	成果图片（拍摄后打印并粘贴）	工艺方法或焊接参数	辅助工具	检测手段	存在问题	解决方法
1								
2								
3								
4								

续表

序号	工作内容	人员分工	成果图片 （拍摄后打印并粘贴）	工艺方法或焊接参数	辅助工具	检测手段	存在问题	解决方法
5								
6								
7								
8								

4．工字梁焊接完成后，以小组为单位测量、记录工字梁焊缝外观尺寸和质量情况，将检验结果填入表 1–4–11 中。

表 1–4–11　　工字梁焊缝质量检验记录表

序号	检验项目	焊缝外观尺寸和质量情况
1	焊脚尺寸	
2	焊缝凸度	
3	咬边	
4	电弧擦伤	
5	焊道层数	
6	垂直度	
7	气孔	

5．分组总结工字梁焊接任务实施过程，形成书面总结报告（不少于 300 字）。

子活动 3　学习活动评价

根据学习活动 4 的学习过程，完成本学习活动评价，将评价结果填入表 1-4-12 中。

表 1-4-12　　学习活动评价

<table>
<tr><td colspan="2">学习活动名称</td><td></td><td>小组名称</td><td></td><td>组员姓名</td><td colspan="4"></td></tr>
<tr><td colspan="2" rowspan="3">评价项目</td><td rowspan="3">评价内容</td><td colspan="2" rowspan="3">评价标准</td><td rowspan="3">分值</td><td colspan="3">评价方式</td><td rowspan="3">得分小计</td></tr>
<tr><td>自我评价</td><td>小组评价</td><td>教师评价</td></tr>
<tr><td>10%</td><td>40%</td><td>50%</td></tr>
<tr><td rowspan="4">关键能力</td><td rowspan="2">社会能力</td><td>团队协作能力</td><td colspan="2">团队合作意识强，有效发挥个人作用</td><td>5</td><td></td><td></td><td></td><td></td></tr>
<tr><td>沟通表达能力</td><td colspan="2">沟通能力强，表达准确、规范</td><td>5</td><td></td><td></td><td></td><td></td></tr>
<tr><td rowspan="2">方法能力</td><td>学习方法能力</td><td colspan="2">自主学习能力强，学习方法正确</td><td>5</td><td></td><td></td><td></td><td></td></tr>
<tr><td>解决问题能力</td><td colspan="2">解决问题方法正确，措施得当</td><td>5</td><td></td><td></td><td></td><td></td></tr>
<tr><td colspan="2" rowspan="5">专业能力</td><td>安全、文明操作能力</td><td colspan="2">劳动保护用品穿戴整齐，劳动纪律贯彻严格，“6S”管理开展有序</td><td>10</td><td></td><td></td><td></td><td></td></tr>
<tr><td>工艺分析能力</td><td colspan="2">装配及焊接顺序、焊件变形控制措施制定得当，焊前预热及焊后保温、缓冷措施到位</td><td>15</td><td></td><td></td><td></td><td></td></tr>
<tr><td>焊前准备能力</td><td colspan="2">设备、工具、焊件、焊接材料准备妥当，焊件装配及定位焊符合图样要求</td><td>15</td><td></td><td></td><td></td><td></td></tr>
<tr><td>焊接操作能力</td><td colspan="2">设备、工具使用规范，操作要领运用熟练，焊接质量达到要求，工艺措施得当，焊后清理干净、整洁，设备、工具保养良好</td><td>30</td><td></td><td></td><td></td><td></td></tr>
<tr><td>焊后检验能力</td><td colspan="2">产品尺寸、焊缝检验记录完整</td><td>10</td><td></td><td></td><td></td><td></td></tr>
<tr><td colspan="2">指导教师综合评价</td><td colspan="8">得分总计：

指导教师签名：　　　　　　　　日期：</td></tr>
</table>

学习活动5　焊接质量检验与返修

学习目标

1. 能熟知工字梁验收标准。
2. 能正确使用焊缝测量工具进行工字梁焊缝外观质量检验并记录数据。
3. 能明确超声波探伤的检测方法及其在工字梁焊接质量检测中的应用。
4. 能明确超声波探伤的原理、特点、评判标准。
5. 能读懂焊缝返修通知单，明确返修要求。
6. 能正确选用返修设备、工具，清除焊接缺陷。
7. 能遵循返修工艺完成焊缝缺陷返修工作。

学习活动描述

在焊接生产过程中，由于各种原因，往往会在焊接接头区域内产生不符合设计要求的焊接缺陷。焊接缺陷的存在会直接影响焊接产品的使用性能和安全性，轻则导致产品报废，重则引发安全生产事故。因此，要在整个焊接作业中对焊接区域进行质量检验，并对不合格的焊接产品进行返修。

子活动与建议学时

子活动1	焊接质量检验	5学时
子活动2	缺陷返修	6学时
子活动3	学习活动评价	1学时

学习准备

资料与材料：工作页、技术标准、焊接工艺文件、专业书籍等。

设备与工具：多媒体教学设备、焊接检验尺、钢直尺、放大镜等。

子活动 1　焊接质量检验

焊接质量检验是确保焊接结构制造质量，降低产品生产成本，促使焊接技术广泛应用的重要手段，在焊接结构生产中具有重要的地位。

学习过程

一、检验标准

工字梁焊接质量应参照国家标准《钢结构工程施工质量验收标准》（GB 50205—2020）进行检验，具体相关标准如下。

1．外观质量检验标准

无疲劳验算要求的钢结构焊缝外观质量要求见表 1-5-1。

表 1-5-1　无疲劳验算要求的钢结构焊缝外观质量要求

检验项目	焊缝质量等级		
	一级	二级	三级
裂纹	不允许	不允许	不允许
未焊满	不允许	≤ 0.2 mm+0.02t 且≤ 1 mm，每 100 mm 长度焊缝内未焊满累计长度≤ 25 mm	≤ 0.2 mm+0.04t 且≤ 2 mm，每 100 mm 长度焊缝内未焊满累计长度≤ 25 mm
根部收缩	不允许	≤ 0.2 mm+0.02t 且≤ 1 mm，长度不限	≤ 0.2 mm+0.04t 且≤ 2 mm，长度不限
咬边	不允许	≤ 0.05t 且≤ 0.5 mm，连续长度 100 mm，且焊缝两侧咬边总长≤ 10% 焊缝全长	≤ 0.1t 且≤ 1 mm，长度不限
电弧擦伤	不允许	不允许	允许存在个别电弧擦伤
接头不良	不允许	缺口深度≤ 0.05t 且≤ 0.5 mm，每 1 000 mm 长度焊缝内不得超过一处	缺口深度≤ 0.1t 且≤ 1 mm，每 1 000 mm 长度焊缝内不得超过一处
表面气孔	不允许	不允许	每 50 mm 长度焊缝内允许存在直径 < 0.4t 且≤ 3 mm 的气孔两个，孔距应≥ 6 倍孔径
表面夹渣	不允许	不允许	深≤ 0.2t，长≤ 0.5t 且≤ 20 mm

注：t 为接头较薄件母材厚度。

2．内部缺陷检测标准

一级、二级焊缝质量等级及无损检测要求见表 1–5–2。

表 1–5–2　一级、二级焊缝质量等级及无损检测要求

焊缝质量等级		一级	二级
内部缺陷超声波探伤	缺陷评定等级	Ⅱ	Ⅲ
	检验等级	B 级	B 级
	检测比例	100%	20%
内部缺陷射线探伤	缺陷评定等级	Ⅱ	Ⅲ
	检验等级	B 级	B 级
	检测比例	100%	20%

注：二级焊缝检测比例的计数方法应按以下原则确定：企业制作焊缝按照焊缝长度计算百分比，且探伤长度不小于 200 mm；当焊缝长度小于 200 mm 时，应对整条焊缝探伤；现场安装焊缝应按照同一类型、同一施焊条件的焊缝条数计算百分比，且应不少于三条焊缝。

二、检验方法与项目

1．焊接质量检验的依据是什么？焊接检验在焊接结构生产中的作用体现在哪些方面？

2．查阅资料，完成下列引导问题。

（1）按焊接生产过程中的检验顺序，焊接检验一般包括焊前检验、____________检验和________检验。

（2）按焊接检验方法分类，焊接检验可分为________检验、非破坏性检验和________检测三大类。

（3）非破坏性检验包括________检验、________试验和________试验。

（4）无损检测包括________探伤、________探伤、________探伤和________探伤等。

（5）无损检测是指在不损坏________的前提下，以物理或化学的方法为手段，借助先进的技术和设备，对工件________和________的结构、性质、状态进行检查及测试的方法。

3．超声波探伤有哪些优缺点？

4．本学习任务工字梁焊接完成后进行的焊接检验属于成品检验，其具体检验项目主要有哪几项？若采用外观检验与超声波探伤相结合进行成品检验，所需用到的设备和工具主要有哪些？

三、工字梁焊接质量检验

1．分组对工字梁进行外观质量检验，填写检验记录表（见表 1–5–3），完成自检、互检。

表 1–5–3　　工字梁外观质量检验记录表

序号	检查项目	检查标准		允许偏差	实测值或检查结果
1	工字梁总体尺寸	总长度 L/mm	1 000	± 2.0 mm	
		截面宽度 b/mm	150	± 3.0 mm	
		截面高度 h/mm	320	± 2.0 mm	
2	翼缘板垂直度 Δ	b Δ h b Δ		$\Delta=b/100$ 且≤ 3.0	
3	两翼缘板平行度	以下翼缘板为基准，两翼缘板平行		<2.0 mm	
4	翼缘板与腹板的垂直度	翼缘板与腹板相互垂直		± 1°	

续表

序号	检查项目	检查标准	允许偏差	实测值或检查结果
5	焊脚尺寸	8 ~ 9 mm	—	
	焊缝凸度	≤ 2.0 mm	—	
	咬边	深度≤ 0.5 mm，不超过焊缝有效长度的 10%	—	
	电弧擦伤	无	—	
	焊道层数	两层三道	—	
	气孔	表面无气孔	—	
	焊缝表面成形	波纹细腻、均匀、美观	—	
	焊缝表面原始状态	无修磨、补焊等破坏焊缝表面现象	—	
	裂纹、夹渣、未熔合、未焊透、焊穿等	无	—	

2．将工字梁委托第三方进行超声波探伤，根据检测报告填写检测记录表（见表 1–5–4），并确定缺陷处理措施。

表 1–5–4　　工字梁焊缝超声波探伤记录表

焊缝编号	焊缝位置	检测方法	缺陷类型	缺陷位置	质量等级	缺陷处理
1						
2						
3						
4						
5						
6						

子活动 2　缺 陷 返 修

焊接缺陷的存在不仅影响外观，也影响产品的使用，留下安全隐患。因此，必须将不符合要求的焊接缺陷进行清除、补焊，使其达到产品质量要求。

学习过程

一、返修通知单

1．根据工字梁焊接质量检验结果，如发现超出标准要求的缺陷后，由检验人员填写焊缝返修通知单（见表 1-5-5），通知焊接人员进行焊缝返修。

表 1-5-5　　焊缝返修通知单

<table>
<tr><td colspan="8">焊缝返修通知单</td><td colspan="3" rowspan="2">编号：
返修次数：
签发人：</td></tr>
<tr><td>产品名称</td><td colspan="3">工字梁</td><td>产品编号</td><td colspan="3"></td></tr>
<tr><td>材料牌号</td><td colspan="3">施焊单位</td><td>厚度</td><td>焊工代号</td><td colspan="4">检测方法</td><td>焊接方法</td></tr>
<tr><td>Q235</td><td colspan="3"></td><td>10 mm</td><td></td><td colspan="4">外观检验</td><td></td></tr>
<tr><td rowspan="3">缺陷部位</td><td colspan="2">检验报告编号</td><td>缺陷长度</td><td>缺陷性质</td><td>缺陷位置</td><td colspan="2">评定级别</td><td colspan="2">检测日期</td><td>返修次数</td></tr>
<tr><td colspan="2"></td><td></td><td></td><td></td><td colspan="2"></td><td colspan="2"></td><td></td></tr>
<tr><td colspan="2"></td><td></td><td></td><td></td><td colspan="2"></td><td colspan="2"></td><td></td></tr>
<tr><td>缺陷核实情况及返修意见</td><td colspan="4">经核实存在缺陷，用砂轮机打磨，至缺陷清除，按制定的焊缝返修工艺进行返修
核实者（签字）：__________
日　　期：_____年___月___日</td><td>焊接负责人审批</td><td colspan="5">同意返修
审批（签字）：__________
日　　期：_____年___月___日</td></tr>
<tr><td rowspan="11">返修工艺</td><td rowspan="2">焊层</td><td>焊接方法</td><td colspan="2">焊接材料</td><td rowspan="2">焊接电流/A</td><td rowspan="2">电弧电压/V</td><td colspan="2" rowspan="2">焊接速度/（mm/min）</td><td colspan="2" rowspan="11">返修自检结果：

返修焊工姓名：

返修焊工代号：

返修日期：

自检签字：</td></tr>
<tr><td></td><td>型号</td><td>规格/mm</td></tr>
<tr><td></td><td></td><td></td><td></td><td></td><td></td><td colspan="2"></td></tr>
<tr><td></td><td></td><td></td><td></td><td></td><td></td><td colspan="2"></td></tr>
<tr><td></td><td></td><td></td><td></td><td></td><td></td><td colspan="2"></td></tr>
<tr><td></td><td></td><td></td><td></td><td></td><td></td><td colspan="2"></td></tr>
<tr><td></td><td></td><td></td><td></td><td></td><td></td><td colspan="2"></td></tr>
<tr><td></td><td></td><td></td><td></td><td></td><td></td><td colspan="2"></td></tr>
<tr><td></td><td></td><td></td><td></td><td></td><td></td><td colspan="2"></td></tr>
<tr><td></td><td></td><td></td><td></td><td></td><td></td><td colspan="2"></td></tr>
<tr><td></td><td></td><td></td><td></td><td></td><td></td><td colspan="2"></td></tr>
</table>

续表

<table>
<tr><td rowspan="7">施焊记录</td><td></td><td></td><td></td><td></td><td></td><td></td><td></td><td rowspan="7">专检检验结果：

专检人员签字：

日期：</td></tr>
<tr><td></td><td></td><td></td><td></td><td></td><td></td><td></td></tr>
<tr><td></td><td></td><td></td><td></td><td></td><td></td><td></td></tr>
<tr><td></td><td></td><td></td><td></td><td></td><td></td><td></td></tr>
<tr><td></td><td></td><td></td><td></td><td></td><td></td><td></td></tr>
<tr><td></td><td></td><td></td><td></td><td></td><td></td><td></td></tr>
<tr><td></td><td></td><td></td><td></td><td></td><td></td><td></td></tr>
<tr><td colspan="9">返修流转程序：
一次返修、二次返修：检验员→生产车间→焊接工艺员→焊接负责人→焊接工艺员→生产车间→检验员→归档
三次返修：检验员→焊接工艺员→焊接负责人→质量工程师→焊接负责人→焊接工艺员→生产车间→检验员→归档</td></tr>
</table>

2．分析工字梁各种焊接缺陷的产生原因，填写表 1–5–6。

表 1–5–6 焊接缺陷种类及产生原因

序号	缺陷种类	产生原因
1		
2		
3		
4		
5		
6		

二、焊缝返修

1．填写焊缝缺陷返修工作小组分工情况记录表，见表 1–5–7。

表 1–5–7　　小组分工情况记录表

项目	分工	职责	工作内容	备注

2．各小组汇报焊缝缺陷返修所需材料和工具，填写表 1–5–8。

表 1–5–8　　返修材料和工具表

序号	名称	型号	用途	备注
1				
2				
3				
4				
5				
6				
7				

3．以小组为单位进行焊缝缺陷返修，对焊接工艺要点进行记录并汇报。

4．记录焊缝缺陷返修过程中出现的质量问题，并找出合理的解决方案，填写表 1–5–9。

表 1–5–9　　质量问题解决方案分析

质量问题	解决方案

5．各小组对返修后的自检情况进行汇报，并将汇报内容记录下来。

子活动 3　学习活动评价

根据学习活动 5 的学习过程，完成本学习活动评价，将评价结果填入表 1-5-10 中。

表 1-5-10　　学习活动评价

<table>
<tr><td colspan="2">学习活动名称</td><td></td><td>小组名称</td><td>组员姓名</td><td colspan="4"></td></tr>
<tr><td colspan="2" rowspan="3">评价项目</td><td rowspan="3">评价内容</td><td rowspan="3">评价标准</td><td rowspan="3">分值</td><td colspan="3">评价方式</td><td rowspan="3">得分小计</td></tr>
<tr><td>自我评价</td><td>小组评价</td><td>教师评价</td></tr>
<tr><td>10%</td><td>40%</td><td>50%</td></tr>
<tr><td rowspan="4">关键能力</td><td rowspan="2">社会能力</td><td>团队协作能力</td><td>团队合作意识强，有效发挥个人作用</td><td>5</td><td></td><td></td><td></td><td></td></tr>
<tr><td>沟通表达能力</td><td>沟通能力强，表达准确、规范</td><td>5</td><td></td><td></td><td></td><td></td></tr>
<tr><td rowspan="2">方法能力</td><td>学习方法能力</td><td>自主学习能力强，学习方法正确</td><td>5</td><td></td><td></td><td></td><td></td></tr>
<tr><td>解决问题能力</td><td>解决问题方法正确，措施得当</td><td>5</td><td></td><td></td><td></td><td></td></tr>
<tr><td colspan="2" rowspan="5">专业能力</td><td>安全、文明操作能力</td><td>劳动保护用品穿戴整齐，劳动纪律贯彻严格，“6S”管理开展有序</td><td>15</td><td></td><td></td><td></td><td></td></tr>
<tr><td>工艺文件识读能力</td><td>正确识读焊缝返修通知单，明确缺陷位置及性质</td><td>10</td><td></td><td></td><td></td><td></td></tr>
<tr><td>工艺分析能力</td><td>正确制定返修工艺</td><td>10</td><td></td><td></td><td></td><td></td></tr>
<tr><td>焊后检验能力</td><td>检验工具使用熟练，检验结果记录科学，检验表格填写规范</td><td>20</td><td></td><td></td><td></td><td></td></tr>
<tr><td>焊后返修能力</td><td>返修措施执行到位，返修质量符合要求，返修结果记录完整</td><td>25</td><td></td><td></td><td></td><td></td></tr>
<tr><td colspan="2">指导教师综合评价</td><td colspan="7">得分总计：

指导教师签名：　　　　　　　　日期：</td></tr>
</table>

学习活动6 总结与评价

学习目标

1. 通过对整个工作过程的叙述，培养良好的沟通及表达能力。

2. 通过成果展示，培养良好的专业能力、社会能力和方法能力。

3. 反思工作过程中存在的不足，为今后的工作积累经验。

学习活动描述

对整个工作进行总结并展示自己的工作成果，提高表达能力和综合素质。同时通过学习活动认识到自己在完成学习任务中的缺点和不足，为今后改进和成长提供帮助。

子活动与建议学时

子活动1　工作总结　　6学时

子活动2　学习任务评价　　4学时

学习准备

资料与材料：工作页、技术标准、焊接工艺文件、专业书籍等。

设备与工具：多媒体教学设备等。

子活动1　工 作 总 结

在完成工字梁焊接的整个过程中，有个人知识的增长和技能的提升，也有交流能力、团队精神等方面的培养。总结学习过程中的得失，展示真实的自我。

学习过程

1．小组组员制作PPT，汇报本组工作收获及创新工作情况，在以下空白处写出具体汇报内容。

2．结合各小组汇报展示情况，各组反思学习任务完成情况，填写表 1–6–1。

表 1–6–1 学习任务完成情况

内容名称	做得好的方面	存在问题及分析	解决方法	备注
明确工作任务				
技能准备				
制订计划				
任务实施				
焊接质量检验与返修				
小组总结				

3．每位同学写一份工作总结，字数不少于 300 字。

子活动 2　学习任务评价

工字梁焊接学习任务包含明确工作任务、技能准备、制订计划、任务实施、焊接质量检验与返修等学习活动。通过学习任务评价可以反映个人学习目标的达成情况，促进个人综合职业能力的提高。

学习过程

完成学习任务评价，见表 1–6–2。

表 1–6–2　　学习任务评价

<table>
<tr><td colspan="2">学习活动名称</td><td></td><td>小组名称</td><td>组员姓名</td><td colspan="4"></td></tr>
<tr><td colspan="2" rowspan="3">评价项目</td><td rowspan="3">评价内容</td><td rowspan="3">评价标准</td><td rowspan="3">分值</td><td colspan="3">评价方式</td><td rowspan="3">得分小计</td></tr>
<tr><td>自我评价</td><td>小组评价</td><td>教师评价</td></tr>
<tr><td>10%</td><td>40%</td><td>50%</td></tr>
<tr><td rowspan="4">关键能力</td><td rowspan="2">社会能力</td><td>团队协作能力</td><td>团队合作意识强，有效发挥个人作用</td><td>10</td><td></td><td></td><td></td><td></td></tr>
<tr><td>沟通表达能力</td><td>沟通能力强，表达准确、规范</td><td>10</td><td></td><td></td><td></td><td></td></tr>
<tr><td rowspan="2">方法能力</td><td>学习方法能力</td><td>自主学习能力强，学习方法正确</td><td>10</td><td></td><td></td><td></td><td></td></tr>
<tr><td>解决问题能力</td><td>解决问题方法正确，措施得当</td><td>10</td><td></td><td></td><td></td><td></td></tr>
<tr><td colspan="2" rowspan="4">专业能力</td><td>工艺文件识读能力</td><td>关键信息提取准确，技术要求理解全面</td><td>15</td><td></td><td></td><td></td><td></td></tr>
<tr><td>焊接基础技能</td><td>熟练掌握焊条电弧焊 V 形坡口板对接平焊、T 形接头平角焊操作要领</td><td>15</td><td></td><td></td><td></td><td></td></tr>
<tr><td>工字梁焊接质量</td><td>总体尺寸、焊缝质量符合技术要求</td><td>15</td><td></td><td></td><td></td><td></td></tr>
<tr><td>检验与返修能力</td><td>检验方法科学，检验结果准确，返修质量符合要求</td><td>15</td><td></td><td></td><td></td><td></td></tr>
<tr><td colspan="2">指导教师综合评价</td><td colspan="7">得分总计：

指导教师签名：　　　　　　　　日期：</td></tr>
</table>

学习任务二　桁 架 焊 接

1. 能根据焊接作业环境需要，选择、穿戴并维护个人防护装备。

2. 能读懂生产任务单、桁架图样和焊接工艺文件，明确工作任务、技术要求和质量标准。

3. 能通过技术交底和有效沟通，明确桁架的焊接方法、焊接顺序、质量控制关键点、特殊要求、质量检查方法等，并确定相应的预防和控制措施。

4. 能根据焊接工艺文件核对焊接材料的型号、规格、数量，并按要求保管。

5. 能根据焊接工艺文件完成焊前准备工作，并确认作业场地和周围环境达到劳动安全与职业健康要求。

6. 能根据图样和焊接工艺文件确认装配质量符合要求、预防措施到位。

7. 能按要求使用设备和工具，严格执行焊接工艺文件，运用焊接操作技能，完成焊接作业，焊接过程中能采取有效措施预防及减少焊接缺陷。

8. 能按要求进行焊接接头的清理、自检、表面缺陷修复；能依据焊缝返修通知单和返修工艺文件进行焊接缺陷定位、清理及返修。

9. 能与相关人员进行有效沟通，获取解决问题的方法和措施，解决工作过程中的常见问题。

10. 能对设备和工具等进行日常维护及保养。

120 学时

工作情景描述

某车间需制作 6 个桁架（见图 2–1），材料为 Q235 钢，要求焊工班组完成此结构件的生产任务，工时为 16 h。

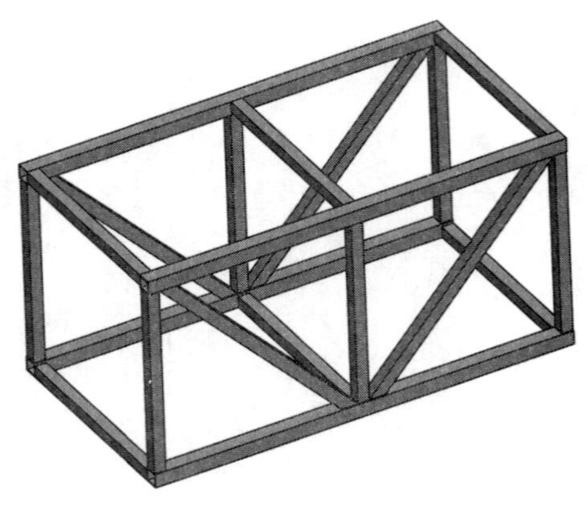

图 2-1　桁架

工作流程与活动

学习活动 1　明确工作任务

学习活动 2　技能准备

学习活动 3　制订计划

学习活动 4　任务实施

学习活动 5　焊接质量检验与返修

学习活动 6　总结与评价

学习活动 1　明确工作任务

学习目标

1. 能通过生产任务单，准确概括、复述任务内容及要求。
2. 能正确识读桁架的图样和技术要求。
3. 能完整描述焊接桁架所用材料的牌号、性能、焊接性。
4. 能根据图样要求，正确识读图上标注的焊缝符号及其含义。

学习活动描述

通过识读桁架焊接工艺文件，明确焊接桁架所需的材料及其规格、方法、技术要求，对桁架的定义、应用等知识有总体的认知。

子活动与建议学时

子活动 1　桁架焊接工艺文件识读　　3 学时
子活动 2　桁架认知　　2 学时
子活动 3　学习活动评价　　1 学时

学习准备

资料与材料：工作页、技术标准、焊接工艺文件、教学视频及课件等。

设备与工具：多媒体教学设备等。

子活动 1　桁架焊接工艺文件识读

桁架焊接工艺文件包括生产任务单、图样、焊接工艺卡等，内容涉及任务要求、生产设备、焊接方法、焊接参数、施工人员资质等。

学习过程

一、领取焊接工艺文件

1．生产任务单

仔细阅读生产任务单（见表 2–1–1），按照生产任务单提供的基本信息，查阅相关资料，明确工作任务的内容和要求。

表 2–1–1　　生产任务单

单　　号：________　　开单时间：____年__月__日__时
开单部门：________　　开 单 人：________
接 单 人：________　　签　　名：________

产品名称	材料	数量	技术标准、质量要求	
桁架	Q235 钢	6	按图样要求	
任务细则	1．到仓库领取相应的材料 2．根据现场情况选用合适的工具、量具和设备 3．根据加工工艺进行加工，交付检验 4．填写生产任务单，清理工作场地，完成工具、量具和设备的维护及保养			
任务类型	焊接加工		完成工时	16 h
领取材料	方管：Q235 钢，材料规格为 50 × 3–1 480，4 根；40 × 3–680，12 根；40 × 3–961，4 根 实心焊丝：ER50–6、ϕ 1.2 mm		仓库管理员（签名） 年　月　日	
领取设备及工具、量具	1．焊割设备：CO_2 气体保护焊设备、气割设备、砂轮机 2．劳动保护用品：焊接防护具、焊接防护服等 3．焊接辅助工具：角向磨光机、活扳手、锤子、钢丝钳、钢丝刷、石笔等 4．装配工具和夹具：划针、装配平台、胎架等 5．测量工具：钢直尺、直角尺、钢卷尺、焊接检验尺、游标卡尺、低倍放大镜等			

续表

完成质量 （小组评价）		班组长（签名） 年　月　日
用户意见 （教师评价）		用户（签名） 年　月　日
改进措施 （反馈改良）		

注：生产任务单与零件图样、焊接工艺卡一起领取。

2．图样

桁架结构尺寸图如图 2–1–1 所示，桁架焊缝布置图如图 2–1–2 所示。

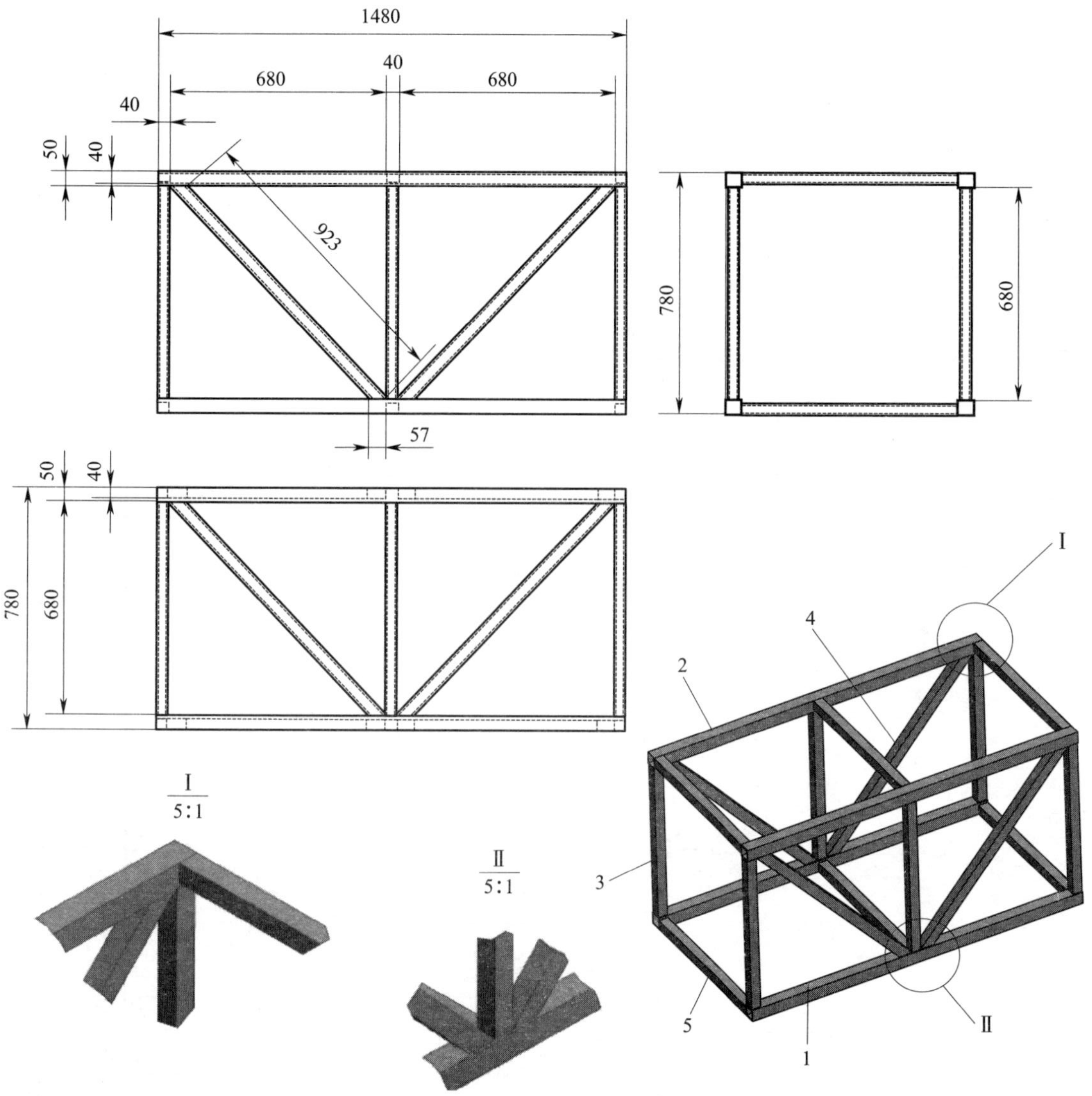

技术要求

1. 整体装配后再焊接，所有焊缝均采用CO_2气体保护焊。
2. 焊后进行尺寸和外观检验，执行国家标准《钢结构焊接规范》（GB 50661—2011）和《钢结构工程施工质量验收标准》（GB 50205—2020）。
3. 焊后清理焊件。

序号	名称	规格	数量
5	横杆	40×3–680	6
4	斜杆	40×3–923/57	4
3	垂直杆	40×3–680	6
2	上弦杆	50×3–1480	2
1	下弦杆	50×3–1480	2

桁架		材料	Q235	比例	
		数量	6	图号	1
制图		（日期）	（单位）		
审核		（日期）			

图 2-1-1　桁架结构尺寸图

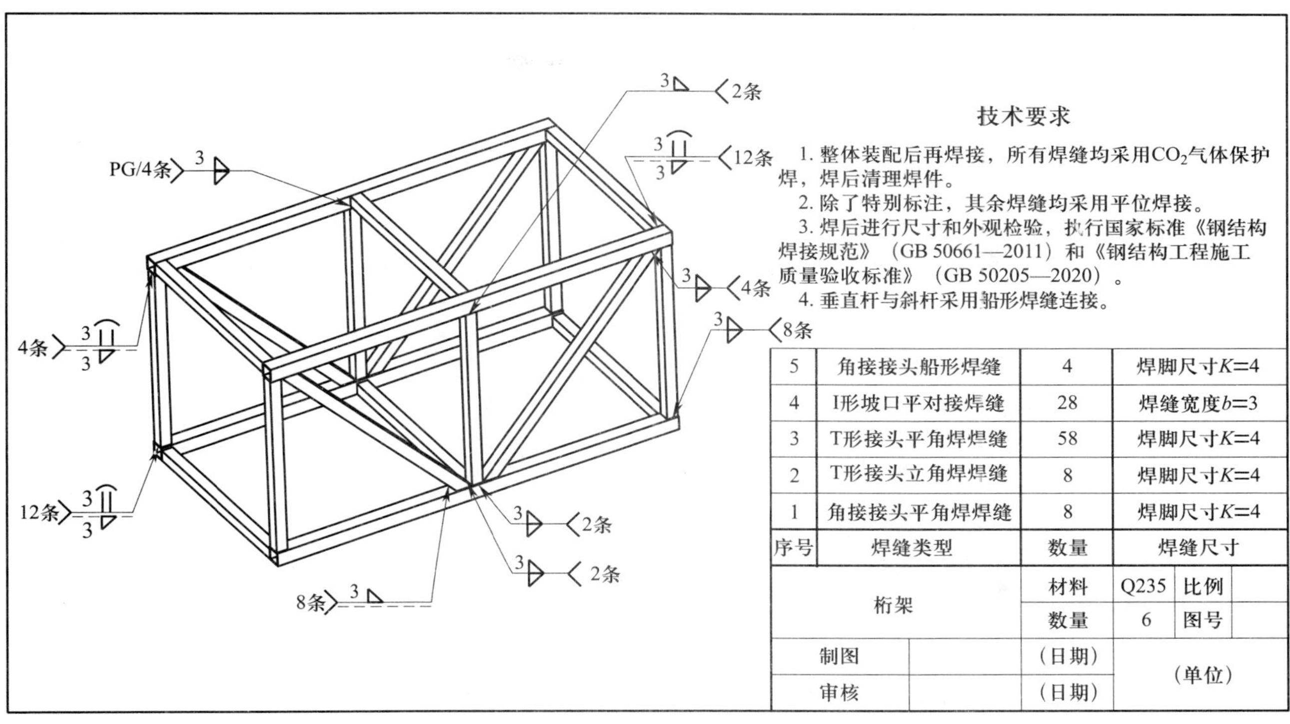

5	角接接头船形焊缝	4	焊脚尺寸K=4
4	I形坡口平对接焊缝	28	焊缝宽度b=3
3	T形接头平角焊焊缝	58	焊脚尺寸K=4
2	T形接头立角焊焊缝	8	焊脚尺寸K=4
1	角接接头平角焊焊缝	8	焊脚尺寸K=4
序号	焊缝类型	数量	焊缝尺寸

桁架		材料	Q235	比例	
		数量	6	图号	
制图		（日期）	（单位）		
审核		（日期）			

图 2-1-2　桁架装配焊缝布置图

3．焊接工艺卡

焊接工艺卡是指导焊工如何利用材料和工具，按照一定的装配及焊接步骤将产品生产出来并满足质量要求的指导性文件，见表 2-1-2 ～表 2-1-5。

表 2-1-2　　焊接工艺卡（1）

工程名称	桁架 T 形接头（或角接接头）平角焊			工艺卡编号	01		
材料	Q235 钢	规 格	方管壁厚为 3 mm	焊接方法	CO_2 气体保护焊	焊工资格	特种作业操作证
焊评编号	无		外观检验	按照国家标准《钢结构工程施工质量验收标准》（GB 50205—2020），采用外观检验，检验比例为 100%		合格等级	Ⅱ级
适用范围	低碳钢板 T 形接头（或角接接头）平角焊焊缝						
焊接层数	焊接电流 /A	电弧电压 /V	焊丝直径 /mm	焊丝伸出长度 /mm	气体流量 /（L/min）	焊接材料	电源种类和极性
1	80 ～ 120	18 ～ 24	1.2	10 ～ 14	8 ～ 15	ER50-6	直流反接

续表

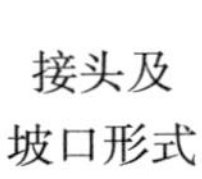接头及 坡口形式	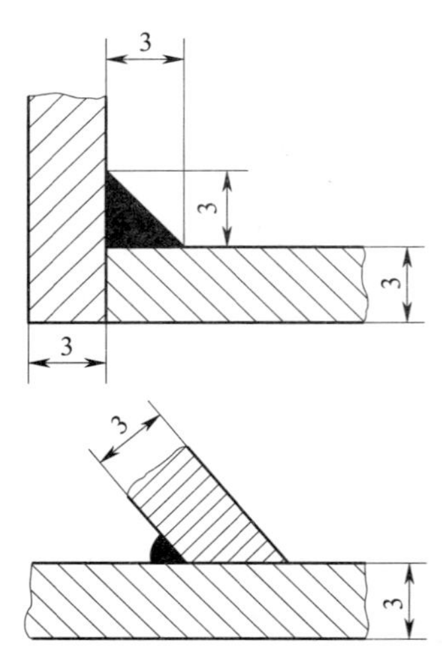	焊接技术要求	1. 清除坡口处的油污、锈蚀、氧化皮，直至露出金属光泽 2. 焊缝外观不允许有裂纹、未熔合、焊瘤、气孔、夹渣等任何缺陷，尺寸符合图样要求

表 2-1-3　　焊接工艺卡（2）

工程名称	桁架 T 形接头立角焊			工艺卡编号	02		
材料	Q235 钢	规 格	方管壁厚为 3 mm	焊接方法	CO_2 气体保护焊	焊工资格	特种作业操作证
焊评编号	无		外观检验	按照国家标准《钢结构工程施工质量验收标准》（GB 50205—2020），采用外观检验，检验比例为 100%		合格等级	Ⅱ级
适用范围	低碳钢板 T 形接头立角焊焊缝						
焊接层数	焊接电流 / A	电弧电压 / V	焊丝直径 / mm	焊丝伸出长度 / mm	气体流量 / （L/min）	焊接材料	电源种类和极性
1	80 ~ 100	18 ~ 22	1.2	10 ~ 14	8 ~ 15	ER50-6	直流反接
接头及坡口形式				焊接技术要求	1. 清除坡口处的油污、锈蚀、氧化皮，直至露出金属光泽 2. 焊缝外观不允许有裂纹、未熔合、焊瘤、气孔、夹渣等任何缺陷，尺寸符合图样要求		

表 2-1-4　　　　焊接工艺卡（3）

工程名称	桁架角接接头船形焊			工艺卡编号	03		
材料	Q235 钢	规 格	方管壁厚为 3 mm	焊接方法	CO_2 气体保护焊	焊工资格	特种作业操作证
焊评编号	无		外观检验	按照国家标准《钢结构工程施工质量验收标准》（GB 50205—2020），采用外观检验，检验比例为 100%		合格等级	Ⅱ级
适用范围	低碳钢板角接接头船形焊焊缝						
焊接层数	焊接电流 / A	电弧电压 / V	焊丝直径 / mm	焊丝伸出长度 / mm	气体流量 /（L/min）	焊接材料	电源种类和极性
1	80 ~ 130	18 ~ 25	1.2	10 ~ 14	8 ~ 15	ER50-6	直流反接
接头及坡口形式	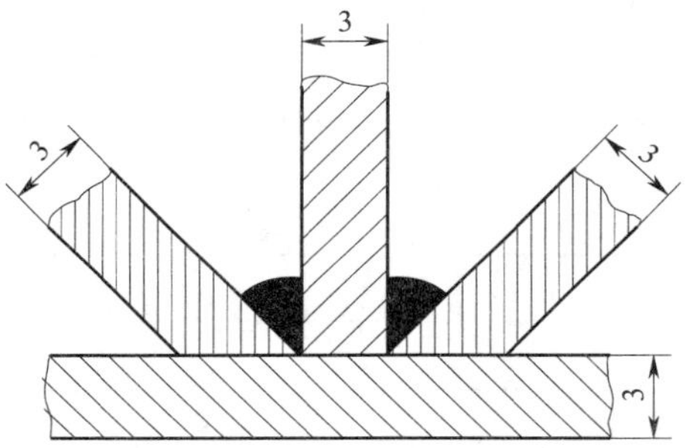 3 3 3 3			焊接技术要求	1. 清除坡口处的油污、锈蚀、氧化皮，直至露出金属光泽 2. 焊缝外观不允许有裂纹、未熔合、焊瘤、气孔、夹渣等任何缺陷，尺寸符合图样要求		

表 2-1-5　　　　焊接工艺卡（4）

工程名称	桁架钢板 I 形坡口平对接焊			工艺卡编号	04		
材料	Q235 钢	规 格	方管壁厚为 3 mm	焊接方法	CO_2 气体保护焊	焊工资格	特种作业操作证
焊评编号	无		外观检验	按照国家标准《钢结构工程施工质量验收标准》（GB 50205—2020），采用外观检验，检验比例为 100%		合格等级	Ⅱ级
适用范围	低碳钢板 I 形坡口平对接焊焊缝						
焊接层数	焊接电流 / A	电弧电压 / V	焊丝直径 /mm	焊丝伸出长度 /mm	气体流量 /（L/min）	焊接材料	电源种类和极性
1	80 ~ 130	18 ~ 25	1.2	10 ~ 14	8 ~ 15	ER50-6	直流反接

续表

接头及坡口形式	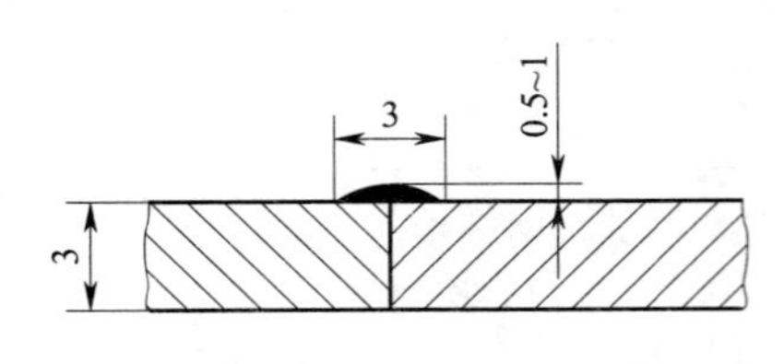	焊接技术要求	1．清除坡口处的油污、锈蚀、氧化皮，直至露出金属光泽 2．焊缝宽度为 3 mm，余高为 0.5 ～ 1 mm 3．焊缝外观不允许有裂纹、未熔合、焊瘤、气孔、夹渣等任何缺陷，尺寸符合图样要求

二、识读焊接工艺文件

1．仔细阅读桁架生产任务单，结合工作情景描述，简要叙述本工作任务的内容和要求。

2．根据生产任务单，明确产品名称及数量，制作材料，所需的工具、量具和设备，完成时间，填写表 2–1–6。

表 2–1–6　　生产任务确认表

产品名称及数量	
制作材料	
工具、量具和设备	
完成时间	

3．分析桁架生产任务单可知，用于制作桁架的材料是 Q235 钢，它是一种常见的金属材料，属于普通碳素结构钢，简述这类钢的特性。

4．通过分析图样获悉，桁架由上弦杆、下弦杆、斜杆、垂直杆和横杆组成，所用材料均为 Q235 钢方管，明确图样中桁架各零部件的数量、材料规格，填写表 2–1–7。

表 2–1–7　桁架零部件信息表

零部件名称	下弦杆	上弦杆	垂直杆	斜杆	横杆
数量 / 根					
材料规格 /mm					

5．分析图样，说一说桁架结构尺寸图通过几个视图来表达？各视图分别重点表达了桁架的哪些几何特性？

6．仔细观察桁架结构尺寸图的主、俯、左视图，查阅相关手册或资料，写出三视图有关长、宽、高的投影规律。

7．桁架各零部件是通过焊接实现连接的，查阅相关手册或资料，阐述图样中焊缝符号的含义，填写表 2–1–8。

表 2–1–8　桁架焊缝符号的含义

序号	标注图示	含义
1	12条 3 ⌒ II / 3 ◸	II：________ ⌒：________ 3：________ 3◸：________ 12 条：________ 焊缝位置：________

续表

序号	标注图示	含义
2	PG/4条 3	3: ________ PG/4 条: ________
3	3 8条	3: ________ 8 条: ________
4	3 2条	3: ________ 2 条: ________
5	8条 3	3: ________ 8 条: ________

子活动 2 桁 架 认 知

桁架结构在房屋钢结构和各类建筑中应用广泛，是一种典型的结构件。本活动主要以钢桁架作为研究对象，认识桁架的定义、特点、分类和用途。

学习过程

一、桁架概述

1．桁架由杆件通过________________而成，是由________构成的能承受________的格子形构件。

2．桁架的杆件主要承受________________，个别杆件可能还受弯矩作用。通常桁架由________组合成为________的整体结构。对于由________组合而成的桁架，要保证桁架承载而几何形状不变，则需要做成能够承受弯矩的刚性节点，这样的杆件截面尺寸较大，工作时同时受到弯矩和轴向力的作用，这种结构称为________。由三角形单元构成的桁架是最常见的结构，空腹桁架使用较少。

构成桁架的杆轴交于一点，桁架各部分名称如图 2–1–3 所示。

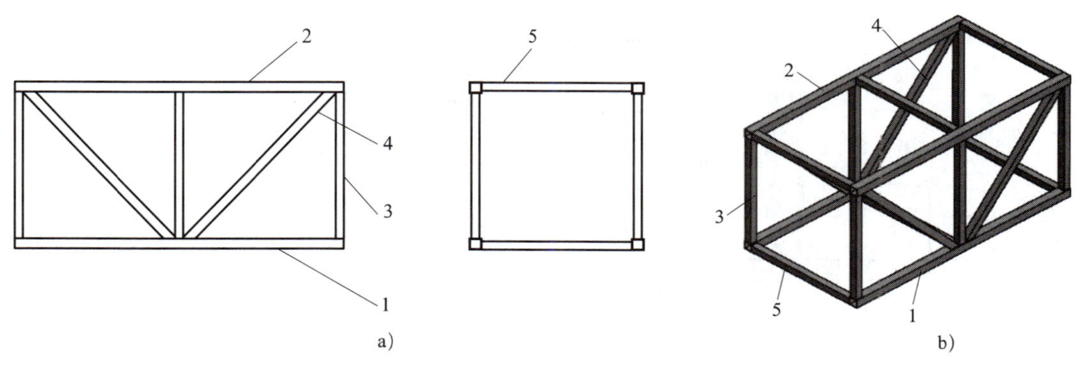

图 2–1–3　桁架各部分名称

a）两视图　b）立体图

1—下弦杆　2—上弦杆　3—垂直杆　4—斜杆　5—横杆

二、桁架特点、分类和用途

1．桁架是工程机械钢结构中一种主要的结构形式，与梁结构相比，桁架的优点是杆件主要承受________或________，____________，____________，刚度高，制造时容易控制变形。

2．桁架的杆件分为__________和__________两类，杆件交汇的连接点称为节点，节点间的区间称为__________。通常把轻型桁架的节点视为铰接点，而把空腹桁架的节点视为刚节点。

3．按照制作材料不同，桁架可分为__________________、______________________________、预应力混凝土桁架、________________、钢与木组合桁架、钢与混凝土组合桁架。按照支承情况不同，桁架可分为________________、____________________等，应用较多的是简支桁架，如图 2–1–4 所示为桁架结构简图。

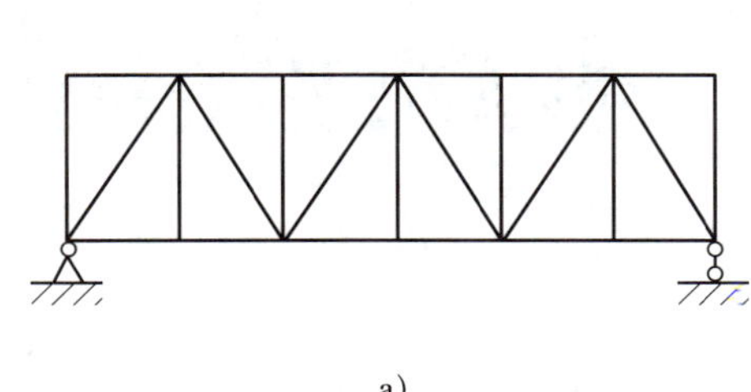

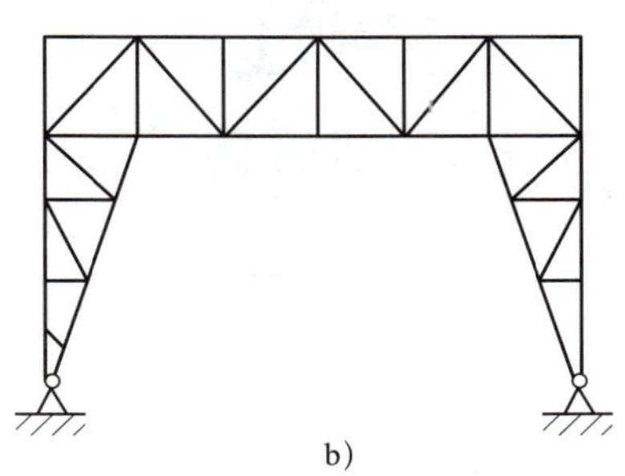

图 2–1–4　桁架结构简图

a）简支桁架　b）刚架式桁架

4．查阅资料，根据表 2–1–9，简述桁架的类型和特征。

表 2–1–9　桁架的类型和特征

结构简图	类型	特征
		便于布置双层结构，利于标准化生产，但杆力分布不够均匀

续表

结构简图	类型	特征
		如抛物线形桁架梁，外形同均布载荷下简支梁的弯矩图，杆力分布均匀，材料使用经济，构造较复杂
		杆力分布更不均匀，构造布置困难，但斜面符合屋顶排水需要

5．根据所学知识，结合图 2-1-5 ~图 2-1-8，简述桁架应用的领域。

图 2-1-5 ________________

图 2-1-6 ________________

图 2-1-7 ________________

图 2-1-8 ________________

子活动 3　学习活动评价

根据学习活动 1 的学习过程，完成本学习活动评价，将评价结果填入表 2-1-10 中。

表 2-1-10　学习活动评价

<table>
<tr><td colspan="2">学习活动名称</td><td></td><td>小组名称</td><td></td><td>组员姓名</td><td colspan="4"></td></tr>
<tr><td colspan="2" rowspan="3">评价项目</td><td rowspan="3">评价内容</td><td colspan="2" rowspan="3">评价标准</td><td rowspan="3">分值</td><td colspan="3">评价方式</td><td rowspan="3">得分小计</td></tr>
<tr><td>自我评价</td><td>小组评价</td><td>教师评价</td></tr>
<tr><td>10%</td><td>40%</td><td>50%</td></tr>
<tr><td rowspan="4">关键能力</td><td rowspan="2">社会能力</td><td>团队协作能力</td><td colspan="2">团队合作意识强，有效发挥个人作用</td><td>10</td><td></td><td></td><td></td><td></td></tr>
<tr><td>沟通表达能力</td><td colspan="2">沟通能力强，表达准确、规范</td><td>10</td><td></td><td></td><td></td><td></td></tr>
<tr><td rowspan="2">方法能力</td><td>学习方法能力</td><td colspan="2">自主学习能力强，学习方法正确</td><td>10</td><td></td><td></td><td></td><td></td></tr>
<tr><td>解决问题能力</td><td colspan="2">解决问题方法正确，措施得当</td><td>10</td><td></td><td></td><td></td><td></td></tr>
<tr><td colspan="2" rowspan="2">专业能力</td><td>安全、文明操作能力</td><td colspan="2">劳动保护用品穿戴整齐，劳动纪律贯彻严格，“6S”管理开展有序</td><td>15</td><td></td><td></td><td></td><td></td></tr>
<tr><td>工艺文件识读能力</td><td colspan="2">充分明确任务内容、技术要求、质量要求，正确描述材料牌号、性能、焊接性，及时完成工作页有关习题</td><td>45</td><td></td><td></td><td></td><td></td></tr>
<tr><td colspan="2">指导教师综合评价</td><td colspan="8">得分总计：

指导教师签名：　　　　　　　　日期：</td></tr>
</table>

学习活动2　技能准备

学习目标

1. 能理解 CO_2 气体保护焊的工作原理和特点，根据 CO_2 气体保护焊工艺选择焊接参数。

2. 能根据 CO_2 气体保护焊的特点完成焊前准备工作，并确认作业场地与周围环境达到劳动安全和职业健康要求。

3. 能按要求使用设备和工具，严格执行焊接工艺文件，采用 CO_2 气体保护焊的方法完成低碳钢板 T 形接头平角焊焊缝、立角焊焊缝的焊接。焊接过程中能采取有效措施预防及减少焊接缺陷、焊接变形和焊接应力。

4. 能按要求进行焊接接头的清理、自检。

5. 能对 CO_2 气体保护焊设备和工具等进行日常维护及保养。

学习活动描述

由于 CO_2 气体保护焊焊接效率高，因此其在工业生产中得到广泛应用。本学习活动从 CO_2 气体保护焊的原理、特点出发，学习相关焊接参数及设备组成；学习 CO_2 气体保护焊钢板平角焊和立角焊的操作技能，初步掌握 CO_2 气体保护焊的操作要领，为桁架的焊接打下基础。

子活动与建议学时

子活动 1	CO_2 气体保护焊认知	3 学时
子活动 2	CO_2 气体保护焊基本操作	16 学时
子活动 3	CO_2 气体保护焊 T 形接头平角焊	18 学时

子活动 4　CO_2 气体保护焊 T 形接头立角焊　　18 学时

子活动 5　学习活动评价　　1 学时

学习准备

资料与材料：工作页、焊接工艺文件、专业书籍、钢板、焊丝、CO_2 气体（纯度≥ 99.5%）等。

设备与工具：多媒体教学设备、CO_2 气体保护焊设备、焊接辅助工具和夹具、通风及除尘设备等。

子活动 1　CO_2 气体保护焊认知

CO_2 气体保护焊具有焊接成本低、生产效率高、操作简便、焊缝抗裂性能好、焊接飞溅少、焊后变形较小等优点，广泛应用于企业生产中，钢桁架构件一般采用 CO_2 气体保护焊方法制作。

学习过程

一、CO_2 气体保护焊原理及特点

1．气体保护电弧焊是指利用气体作为电弧介质并保护电弧和焊接区的电弧焊方法，简称气体保护焊，采用 CO_2 作为保护气体的焊接方法称为 CO_2 气体保护焊。根据图 2–2–1 回答下列问题。

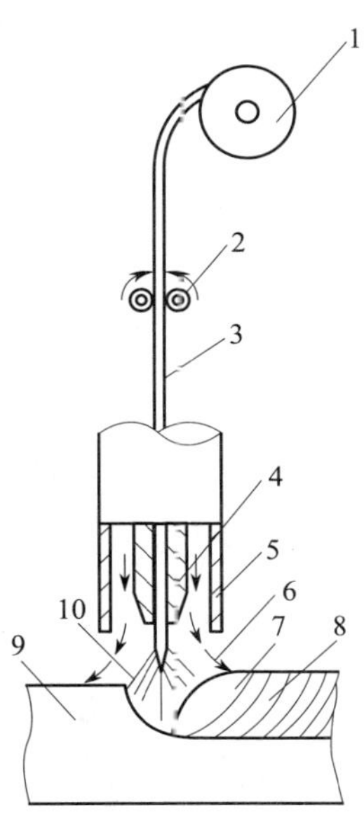

图 2–2–1　熔化极气体保护焊原理图

1—焊丝盘　2—送丝滚轮　3—焊丝　4—导电嘴　5—喷嘴

6—保护气体　7—熔池　8—焊缝　9—焊件　10—电弧

（1）熔化极气体保护焊采用________________________________作为热源来熔化焊丝与母材金属。

（2）CO_2 气体保护焊是应用最广泛的熔化极气体保护焊，焊接过程中向焊接区输送____________，使电弧、熔化的________________________免受周围____________的有害作用。连续送进的焊丝不断熔化并过渡到熔池，与熔化的母材金属熔合形成焊缝，从而将焊件连接起来。

2．查阅资料，分组阐述 CO_2 气体保护焊的特点。

（1）优点

1）焊接成本低。CO_2 气体来源广、价格低，焊接过程中消耗的电能少，所以 CO_2 气体保护焊的成本低，仅为埋弧焊的________、焊条电弧焊的____________。

2）生产效率高。由于 CO_2 焊的焊接电流密度大，使焊缝厚度增大，焊丝的熔化率________，熔敷速度________。另外，焊丝又是连续送进的，且焊后没有________，特别是多层焊接时，节省了清渣时间，因此其生产效率比焊条电弧焊高________倍。

3）焊接质量高。CO_2 焊对铁锈的敏感性________，因此焊缝中不易产生________。而且焊缝含氢量低，抗裂性能________。

4）焊接变形和焊接应力小。由于电弧热量集中，焊件加热面积________，焊接熔池和____________很小；同时 CO_2 气流具有较强的______作用，因此，焊接应力和焊接变形______，特别适用于______焊接。

5）操作性能好。因为是________弧焊，可以看清电弧和熔池情况，便于掌握与调整，也有利于实现焊接过程的机械化和__________。

6）适用范围广。CO_2 焊适宜__________焊接，不仅适用于焊接薄板，还常用于________板的焊接，而且也用于磨损零件的修补、堆焊。

（2）缺点

1）使用大电流焊接时，焊缝表面成形较差，飞溅________。

2）不能焊接容易氧化的____________材料。

3）很难用________电源焊接及在________的地方施焊。

4）弧光较强，特别是大电流焊接时，电弧的____________均较强。

由于 CO_2 焊的优点显著，而且随着对 CO_2 焊的设备、材料和工艺的不断改进，其缺点将逐步得到完善与克服。因此，CO_2 焊是一种值得推广应用的高效焊接方法。

二、CO_2 气体保护焊设备

CO_2 气体保护焊设备主要由焊接电源、送丝系统及焊枪、CO_2 供气系统、控制系统等部分组成，如图 2-2-2 所示，查阅资料，分析 CO_2 气体保护焊设备各组成系统的特性。

1．焊接电源

（1）CO_2 焊采用交流电源接时，电弧不稳定，飞溅较大，所以必须使用__________电源，通常选用____________的弧焊整流器。

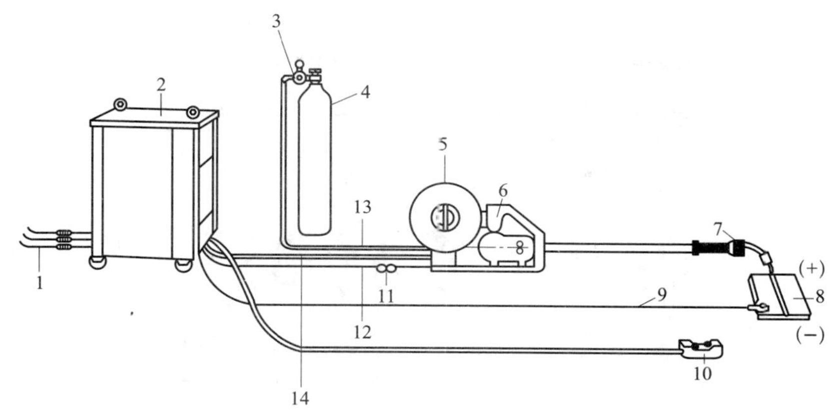

图 2-2-2　CO_2 气体保护焊设备的组成

1—一次侧电缆　2—焊接电源　3—气体流量调节器　4—气瓶　5—焊丝盘　6—送丝机　7—焊枪　8—焊件　9—焊件侧电缆　10—遥控盒　11—电缆接头　12—焊接电缆　13—通气软管　14—控制电缆

（2）CO_2 气体保护焊焊接电源的结构如图 2-2-3 所示，查阅 NB-350 型焊机使用说明书，分析焊机外部结构，填写表 2-2-1。

a)

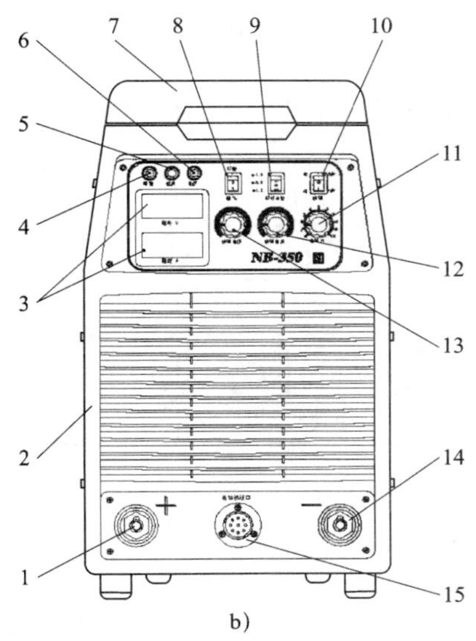

b)

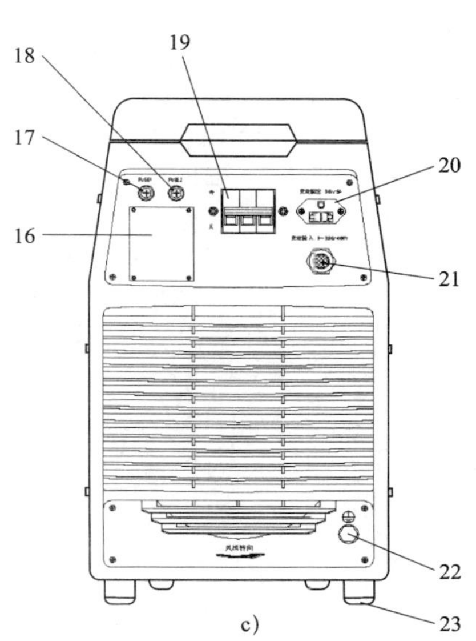

c)

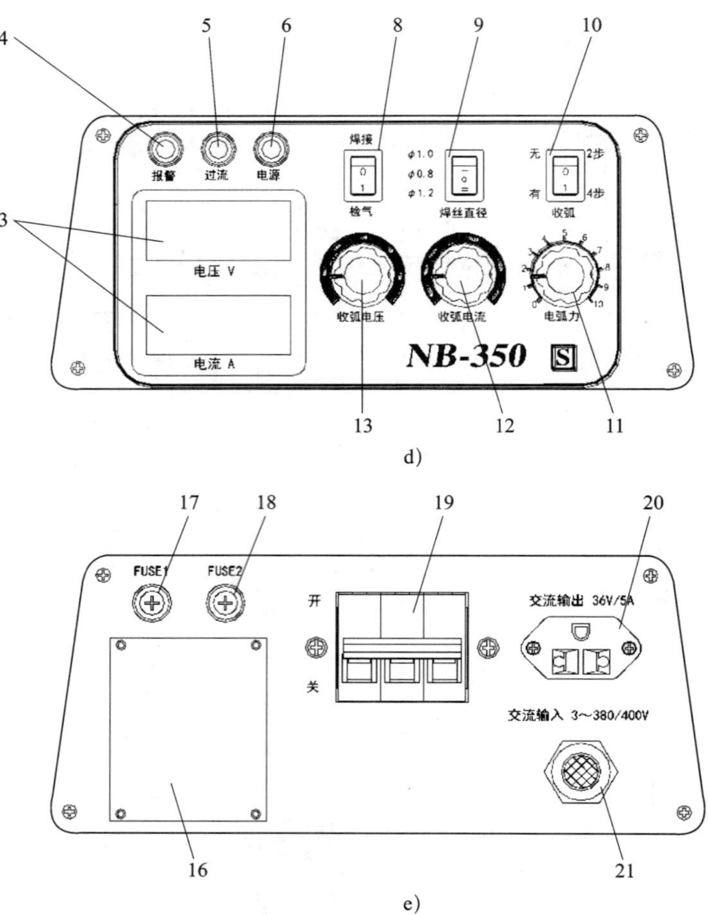

图 2-2-3 CO_2 气体保护焊焊接电源的结构

a）焊机实物图 b）前视图 c）后视图 d）前面板 e）后面板

表 2-2-1 NB-350 型焊机外部结构名称

序号	名称	序号	名称	序号	名称
1		9		17	
2		10		18	
3		11		19	
4		12		20	
5		13		21	
6		14		22	
7		15		23	
8		16			

2．送丝系统及焊枪

（1）送丝系统

分析图 2-2-4 可知，送丝系统由________（包括电动机、减速器、焊丝校直轮和送丝滚轮）、________、

____________等组成，送丝机配有焊接________、________________、焊接速度调节旋钮，用于调试相关的焊接参数。

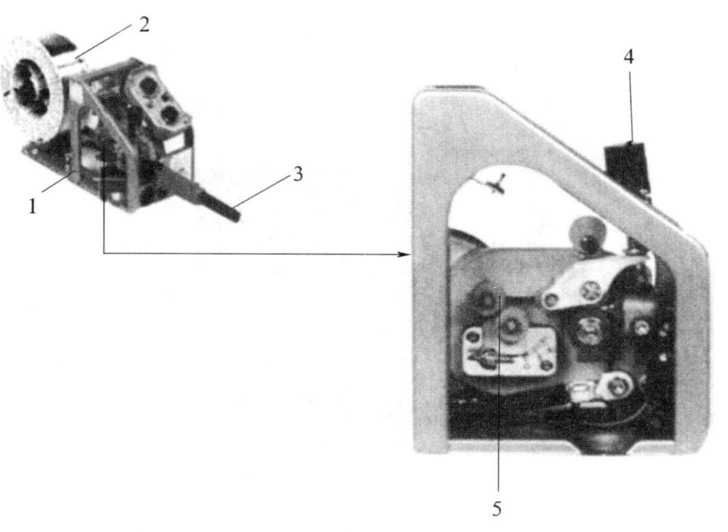

图 2-2-4　CO_2 气体保护焊设备送丝系统

1—送丝机　2—焊丝盘　3—送丝软管　4—加压手柄　5—焊丝校直轮

（2）焊枪

1）焊枪的作用是导电、________、导气。如图 2-2-5 所示为鹅颈式焊枪，它由________、____________、________、________、________________、________________、____________等组成。

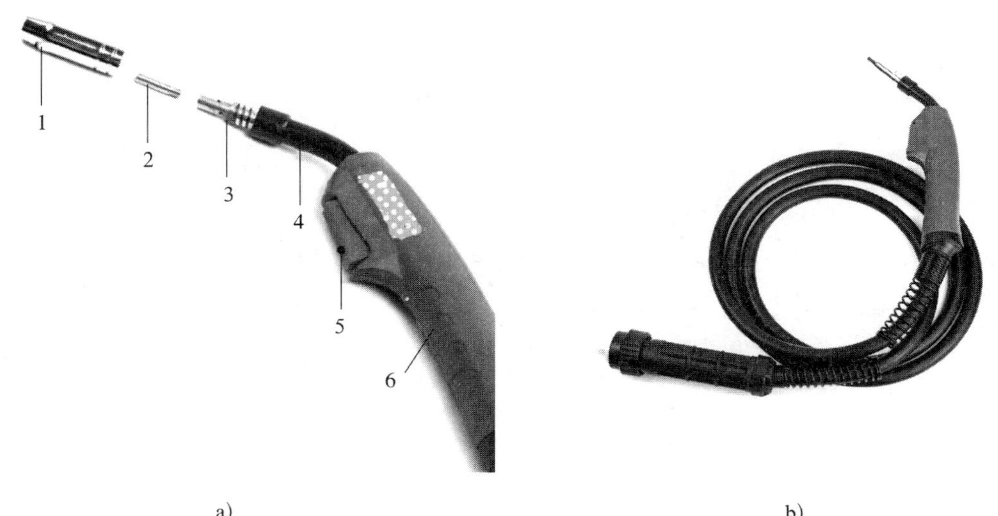

图 2-2-5　鹅颈式焊枪

1—喷嘴　2—导电嘴　3—导电嘴座　4—鹅颈管　5—控制开关　6—手柄

2）查阅资料，说一说常见的焊枪类型。

按送丝方式不同，焊枪可分为推丝式焊枪和____________焊枪；按结构不同，焊枪可分为____________焊枪和手枪式焊枪；按冷却方式不同，焊枪可分为空气冷却焊枪和________________________焊枪。

3．CO_2 供气系统

CO_2 供气系统由__________、气体流量调节器（含__________、干燥器、__________、__________和________）、____________组成。在表 2–2–2 中写出下列各组成部件的名称。

表 2–2–2　　CO_2 气保焊设备组成

部件		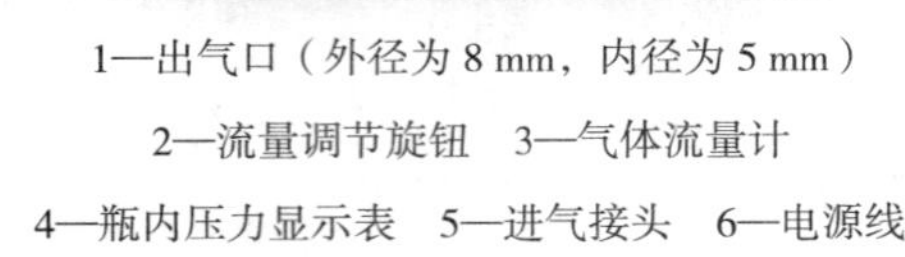1—出气口（外径为 8 mm，内径为 5 mm） 2—流量调节旋钮　3—气体流量计 4—瓶内压力显示表　5—进气接头　6—电源线	
名称			

三、焊接材料

1．CO_2 气体

纯净的 CO_2 是________________、无毒的气体，在 0 ℃和一个大气压（0.1 MPa）下，它的密度为 1.98 kg/m^3，是空气的 1.5 倍。一般将其压缩成________储存于钢瓶供使用。容量为 40 L 的钢瓶可装 25 kg 液态 CO_2。一般要求 CO_2 气体纯度__________，否则会降低焊缝的力学性能，焊缝也易产生气孔。

2．焊丝

CO_2 焊焊丝既是填充金属又是________，所以既要保证其具有一定的化学成分和力学性能，又要保证其具有良好的导电性能和工艺性能。CO_2 焊焊丝分为________________和________________两种，焊接钢桁架时一般采用实心焊丝。

（1）实心焊丝特征

根据 CO_2 焊的冶金特点，焊接低碳钢、低合金钢和船用高强钢时，为保证具有较高的力学性能以及防止气孔，减少飞溅，必须采用含锰、硅等脱氧元素的合金钢焊丝；同时，还应限制焊丝中的含碳量在 0.10% 以下。焊丝表面最好镀铜，这不仅可以防止焊丝生锈，有利于焊丝的保管；同时还可以改善导电性能以及减小送丝阻力。

ER50–6 焊丝是目前 CO_2 焊中应用最广泛的一种焊丝。它有较好的工艺性能、较高的力学性能和抗裂能力，适用于焊接低碳钢和低合金钢。

CO_2 焊所用的焊丝直径为 0.5 ~ 5.0 mm，一般分为 0.5 mm、0.6 mm、0.8 mm、1.0 mm、1.2 mm、1.6 mm、

2.0 mm、2.5 mm、3.0 mm、4.0 mm、5.0 mm 等几种规格，自动焊和半自动焊均可使用。CO_2 焊焊丝通常以盘状供应。

（2）实心焊丝型号的编制

完整实心焊丝型号举例如下：

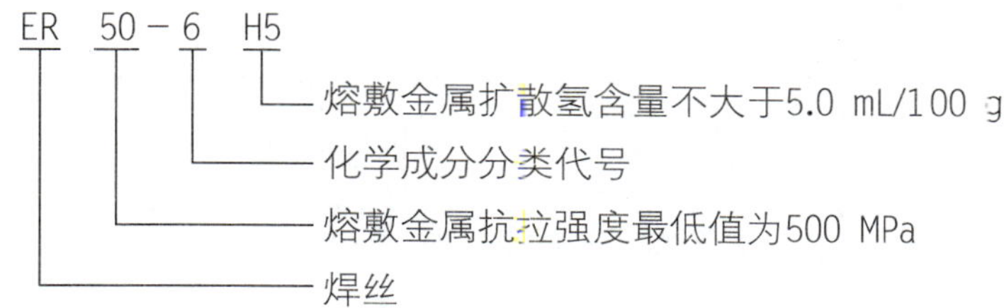

实心焊丝 ER50-6H5 的含碳量很低，约为________。

四、焊接工艺

1．根据桁架焊接工艺卡，CO_2 气体保护焊主要焊接参数包括________、________、________、________、________、________、________、回路电感、装配间隙与坡口尺寸等。

2．查阅资料，完成 CO_2 气体保护焊焊接参数的相关引导问题。

（1）填写焊丝直径与焊件厚度的关系，见表 2-2-3。

表 2-2-3　焊丝直径与焊件厚度的关系

焊件厚度 /mm	1.0 ~ 2.5	2.0 ~ 8.0	3.0 ~ 12.0	>12.0
焊丝直径 /mm				

（2）焊接电流的大小应根据焊件厚度、________、________和熔滴过渡形式来确定。焊接电流越大，________、________和余高都相应增大。

（3）电弧电压随着焊接电流的增大而______。短路过渡焊接时，通常电弧电压在______V 范围内。细滴过渡焊接时，对于直径为 1.2 ~ 3.0 mm 的焊丝，电弧电压可在______V 范围内选择。

（4）在一定的焊丝直径、焊接电流和电弧电压条件下，随着焊接速度的加快，焊缝宽度与焊缝厚度________。焊接速度过快，不仅气体保护效果变差，可能出现气孔，而且还易产生咬边、未熔合等缺欠；但焊接速度过慢，则焊接生产效率________，焊接变形________。一般 CO_2 焊的焊接速度在________m/h 范围内。

（5）焊丝伸出长度取决于焊丝直径，一般约等于焊丝直径的______倍，且不超过______mm。焊丝伸出长度过大，会成段熔断，飞溅严重，气体保护效果差；焊丝伸出长度过小，不但飞溅物易堵塞喷嘴，影响保护效果，也影响焊工视线。

（6）CO_2 气体流量应根据焊接电流、焊接速度、焊丝伸出长度及喷嘴直径等选择，通常在细丝 CO_2 焊时，CO_2 气体流量为________L/min；粗丝 CO_2 焊时，CO_2 气体流量为________L/min。

（7）为了减少飞溅，保证焊接电弧的稳定性，CO_2 焊应选用________。

子活动 2　CO_2 气体保护焊基本操作

CO_2 气体保护焊是用 CO_2 作为保护气体，依靠焊丝与焊件之间产生电弧熔化金属的气体保护焊方法，与焊条电弧焊一样，焊接操作内容包含引弧、收弧、焊接接头、焊枪摆动等。CO_2 气体保护焊没有焊丝送进运动，焊接过程中只需维持弧长不变，并根据熔池情况摆动及移动焊枪，所以 CO_2 气体保护焊操作方法比较容易掌握。

学习过程

一、CO_2 气体保护焊生产安全技术与劳动保护

1．CO_2 气体保护焊操作涉及高压、________、________、烟尘、________、________和飞溅，因此务必遵守安全操作规程。

2．查阅资料，识别焊接作业危险源，根据图 2-2-6，列举出 CO_2 气体保护焊常见危险源。

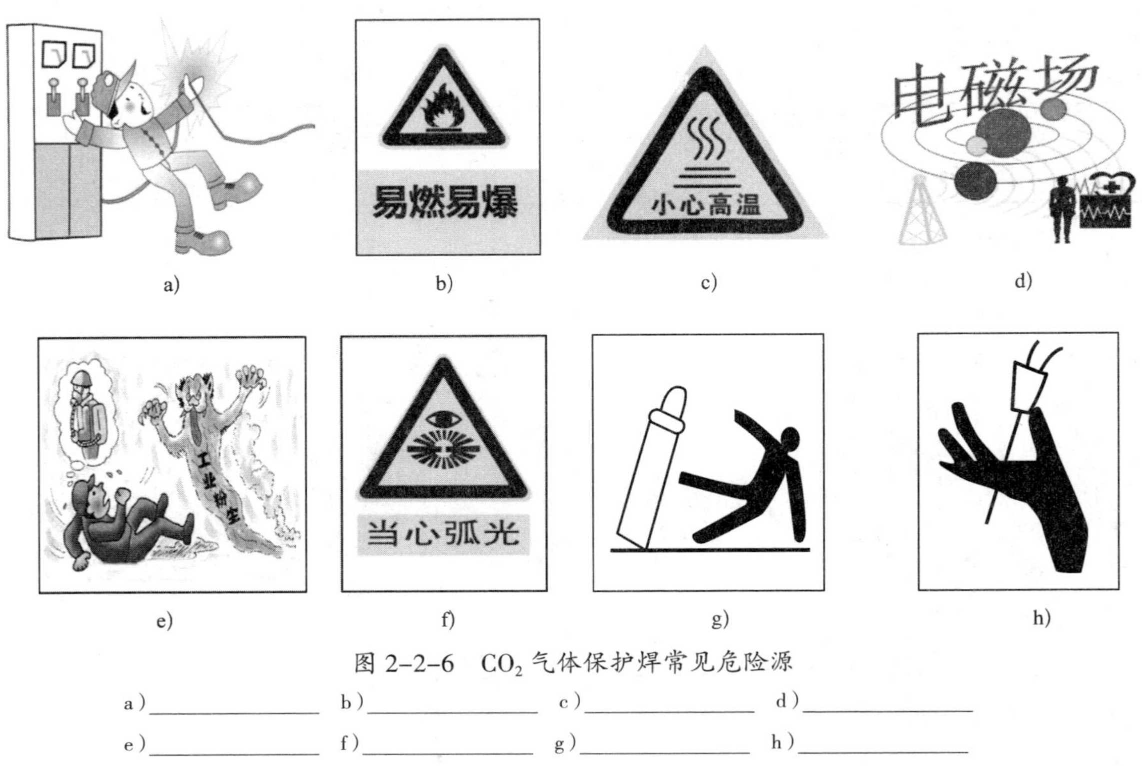

a)　b)　c)　d)　e)　f)　g)　h)

图 2-2-6　CO_2 气体保护焊常见危险源

a）________　b）________　c）________　d）________

e）________　f）________　g）________　h）________

3．当你看到安全标志时，应加以注意，并遵从相应的安全操作规程，以免受到伤害。识别图 2-2-7 所示的安全警示标志，确保安全作业。

图 2-2-7　安全警示标志

a）______ b）______ c）______ d）______

e）______ f）______ g）______ h）______

小贴士

CO_2 气体保护焊安全操作规程

1. 操作环境应有良好的通风条件，在不能进行通风的局部空间施焊时，应佩戴能供给新鲜氧气的面具及小型医用氧气瓶。

2. 选用容量恰当的焊接电源、电源开关、熔断器及辅助设备，以满足高负载持续率工作的要求。

3. 采用必要的防止触电措施与良好的隔离防护装置和自动断电装置。焊接设备必须保护接地或接零，并经常进行检查及维修。

4. 采取必要的防火措施，由于金属飞溅引起火灾的危险比其他焊接方法大，要求在焊接作业现场的周围采取可靠的隔离、遮蔽或防止火花飞溅的措施。焊工应有齐全的劳动防护用具，以防止被弧光灼伤。

5. 由于 CO_2 气体保护焊比埋弧焊的弧光更强，紫外线辐射更强烈，应选用颜色更深的滤光片。

6. 使用 CO_2 气体电热预热器时，电压应低于 36 V，外壳要可靠接地。

7. 由于 CO_2 以高压液态盛装在气瓶中，要防止直接加热 CO_2 气瓶，气瓶不能靠近热源，也要防止剧烈振动。

8. 注意个人防护，戴好焊接防护面罩、焊工防护手套，穿好焊接防护服、安全防护鞋。

9. 焊丝送入导电嘴后，不允许将手指放在焊枪的喷嘴处检查焊丝送出情况；也不允许将焊枪放在耳边试探保护气体的流动情况。

10. 使用水冷系统的焊枪时，应防止因绝缘破坏而发生触电事故。

11．焊接工作结束后，必须切断电源和气源，并确认工作场所周围无安全隐患后方能离开。

二、设备连接及焊机调试

1．观看教师示范操作，完成 CO_2 气体保护焊设备的连接（见图 2-2-8）。

图 2-2-8　CO_2 气体保护焊设备的连接

2．观看教师示范并分组练习，连接 CO_2 气体保护焊设备，调节气体流量、焊接电流、电弧电压。

（1）连接好设备后，调节气体流量。按下焊机面板上的______开关，将 CO_2 气体流量调到______ L/min。

（2）在进行 CO_2 气体保护焊操作时，通过旋转送丝机上________________、________________调节旋钮，调试焊接电流和电弧电压。当电流不变、电压增大时，会发出“噗噗”的喷射声，此时应适当减小电压；反之，当电压减小时，熔池会因电路短路而发出清脆的“啪啪”声，并且造成焊枪外顶，此时应适当增大电压。通常调节电流和电压时，________应固定不变，通过调节电压的方法调节焊接参数。

三、平敷焊练习

1．在教师指导下，学生做好焊条电弧焊平敷焊焊前准备工作，记录所需设备、材料和工具，并做好安全检查。

（1）焊机

CO_2 气体保护焊焊机：____________，极性：________________。

（2）焊件

300 mm × 150 mm × 3 mm，清理焊件表面的________、________、水分。

（3）焊丝

选用 ER50-6 焊丝，直径为 1.2 mm。

（4）保护气体

选用 CO_2 气体，纯度____________。

2．扫描二维码，观看视频，学习 CO_2 气体保护焊引弧、运枪、接头及收尾等基本操作要领。

（1）引弧时应调整好姿势，进行 CO_2 气体保护焊时的蹲姿与焊条电弧焊相同。按下焊枪上的控制开关，点动送出一段焊丝，焊丝伸出长度为焊丝直径的________倍，使焊丝端部与焊件保持________mm 的距离，按动焊枪上的控制开关，焊丝与焊件接触短路，引燃电弧，此时焊枪会自动顶起，要稍用力压住焊枪，保持焊枪高度，待金属熔化后即可移动焊枪，进行正常的焊接，如图 2-2-9 所示。

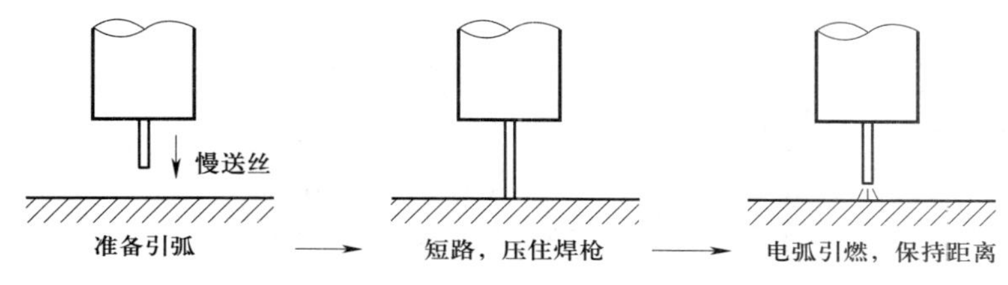

图 2-2-9　CO_2 气体保护焊引弧过程

（2）分组讨论图 2-2-10 所示的内容，其中哪几种起头方法较好？原因是什么？

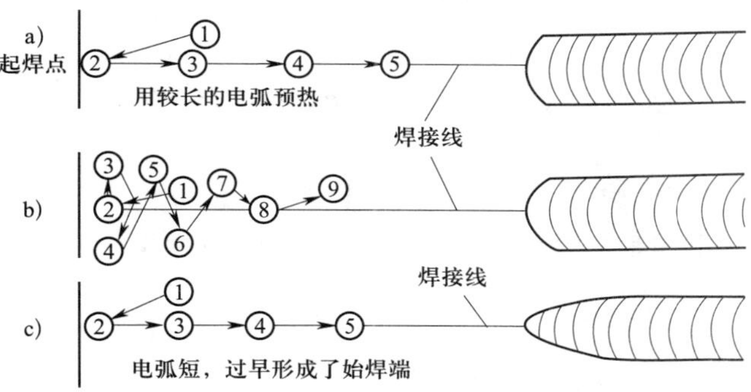

图 2-2-10　CO_2 气体保护焊起焊方法

（3）焊枪的运动方向有左向焊法和右向焊法两种，试根据图 2–2–11 所示的焊接方向写出 CO_2 气体保护焊焊枪的运动方向。

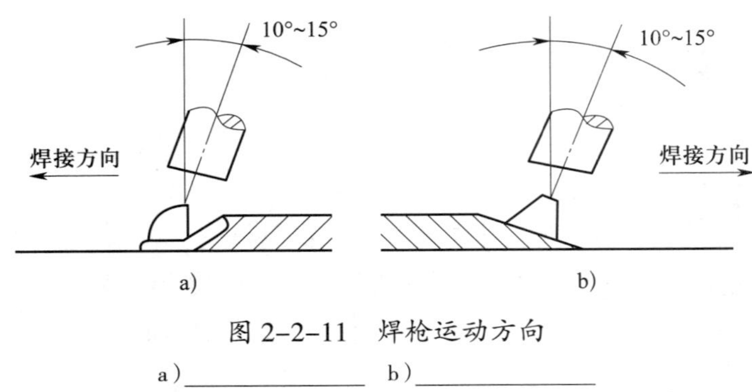

图 2–2–11　焊枪运动方向

a）______________　b）______________

（4）为了获得较宽的焊缝，焊接时需要有规律地摆动焊枪，CO_2 气体保护焊焊枪摆动方式与焊条电弧焊相似，常用的焊枪摆动方式有__________、______________、反月牙形等。

（5）结合图 2–2–12，说出 CO_2 气体保护焊各种焊缝连接方法的操作要领。

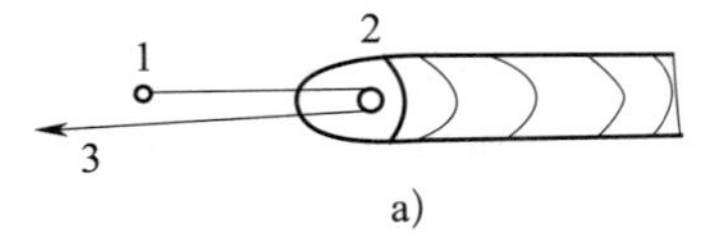

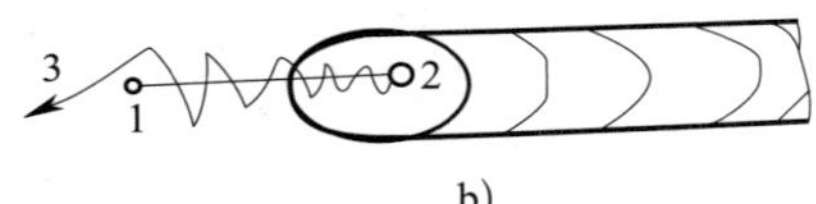

图 2–2–12　CO_2 气体保护焊焊缝的连接方法

1）直线无摆动焊缝连接：在原熔池________10 ~ 12 mm 处引弧，然后迅速将电弧引向原熔池，待熔化金属与原熔池边缘吻合并填满弧坑后，再将电弧引向前方，使焊丝保持一定的高度和角度，并以稳定的速度向前进行焊接。

2）摆动焊缝连接：在原熔池__________10 ~ 12 mm 处引弧，然后以__________方式将电弧引向原熔池中心开始________________，在向前移动的同时逐渐加大摆幅（使形成的焊缝与原焊缝宽度相同），最后转入正常焊接。

（6）焊缝终焊端若出现过深的弧坑，会使焊缝收尾处产生裂纹和__________等缺陷。因此，收弧时，如果焊机没有电流衰减装置，应采用_________________________方式填充弧坑，直至将弧坑填平，并且与母材圆滑过渡。

3．按照教师示范操作要领，个人独立完成平敷焊操作训练。焊后自行打分，填写评分表（见表 2–2–4），比一比看谁焊的焊缝最棒。

表 2-2-4 CO_2 气体保护焊平敷焊操作评分表

小组名称：____________ 组员姓名：____________

项目及要求	评分标准	配分	得分
操作姿势正确	酌情扣分	10	
引弧方法正确	酌情扣分	10	
运枪方法正确	酌情扣分	10	
定点引弧方法正确	酌情扣分	8	
引弧堆焊方法正确	酌情扣分	8	
平敷焊道均匀	酌情扣分	14	
焊道起头圆滑	起头不圆滑不得分	8	
焊道接头平整	接头不平整不得分	8	
收尾无弧坑	出现弧坑不得分	8	
焊缝平直	焊缝不平直不得分	8	
焊缝宽度一致	焊缝宽度不一致不得分	8	
合计		100	

四、CO_2 气体保护焊常见焊缝缺陷

1．由于焊接过程中焊接参数不合适、操作不当、工艺选择不当等，导致焊接缺陷的产生。焊接缺陷的危害主要表现在以下三个方面：

（1）减小了焊缝的承载________，导致焊件抗拉强度________。

（2）由于焊缝缺陷形成缺口，缺口尖端会产生__________和脆化现象，容易产生裂纹并扩展。

（3）焊缝缺陷可能__________，发生泄漏，影响致密性。

2．查阅资料，识别表 2-2-5 中的焊缝缺陷，写出缺陷类型，分析其产生原因，并了解预防措施。

表 2-2-5 CO_2 气体保护焊焊缝缺陷类型、产生原因及预防措施

图示	缺陷类型	产生原因	预防措施
		电弧电压选择不当；焊接电源与电弧电压不匹配；送丝不均匀，送丝滚轮压紧力小，焊丝有卷曲现象；导电嘴磨损严重；操作不熟练	
		电弧电压选择不当，电弧电压太高会使飞溅增多；焊丝含碳量太高也会产生飞溅；导电嘴磨损严重及焊丝表面不干净也会造成飞溅过多	

续表

图示	缺陷类型	产生原因	预防措施
		气体纯度不够，水分太多；气体流量不够；气路有泄漏或堵塞处；喷嘴形状或直径选择不当；喷嘴被飞溅物堵塞；焊丝伸出长度太长；焊接操作不熟练，焊接参数选择不当；周围空气对流太大；焊丝质量差；焊件表面清理不干净	
		焊件或焊丝中硫、磷含量高，锰含量低，在焊接过程中容易产生热裂纹；焊件表面清理不干净；焊接参数选择不当，如熔深大而熔宽窄，以及焊接速度快，使熔化金属冷却速度加快，这些都会产生裂纹	
		电弧电压选择不当；焊接电源与电弧电压不匹配；操作不熟练	
		焊接参数选择不当，如电弧电压太低，焊接电流太小，送丝速度不均匀，焊接速度太快；操作不当，如焊丝出丝角度不当；焊件坡口角度太小，钝边太大，根部间隙太小	
		焊接参数选择不当，如焊接电流过大或焊接速度过慢；操作不当；根部间隙过大	

子活动 3　CO_2 气体保护焊 T 形接头平角焊

CO_2 气体保护焊 T 形接头平角焊是桁架焊接中最常见位置的焊接，T 形接头平角焊操作技能较容易掌握，也是学习其他位置 CO_2 气体保护焊的基础。

学习过程

一、焊件图和焊接工艺卡

1．焊件图（见图 2-2-13）

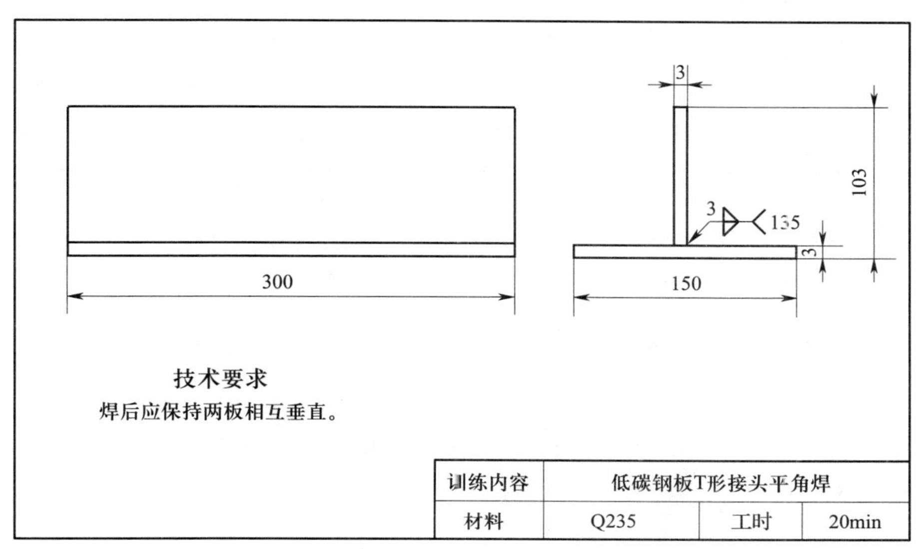

图 2-2-13　低碳钢板 T 形接头平角焊焊件图

2．焊接工艺卡（见表 2-2-6）

表 2-2-6　焊接工艺卡

工程名称	桁架 T 形接头平角焊			工艺卡编号	01		
材料	Q235 钢	规 格	板厚为 3 mm	焊接方法	CO_2 气体保护焊	焊工资格	特种作业操作证
焊评编号	无		外观检验	按照国家标准《钢结构工程施工质量验收标准》（GB 50205—2020），采用外观检验，检验比例为 100%		合格等级	Ⅱ级
适用范围	低碳钢板 T 形接头平角焊焊缝						
焊接层数	焊接电流 /A	电弧电压 /V	焊丝直径 /mm	焊丝伸出长度 /mm	气体流量 /（L/min）	焊接材料	电源种类和极性
1	80 ~ 120	18 ~ 24	1.2	10 ~ 14	8 ~ 15	ER50-6	直流反接

续表

接头及坡口形式	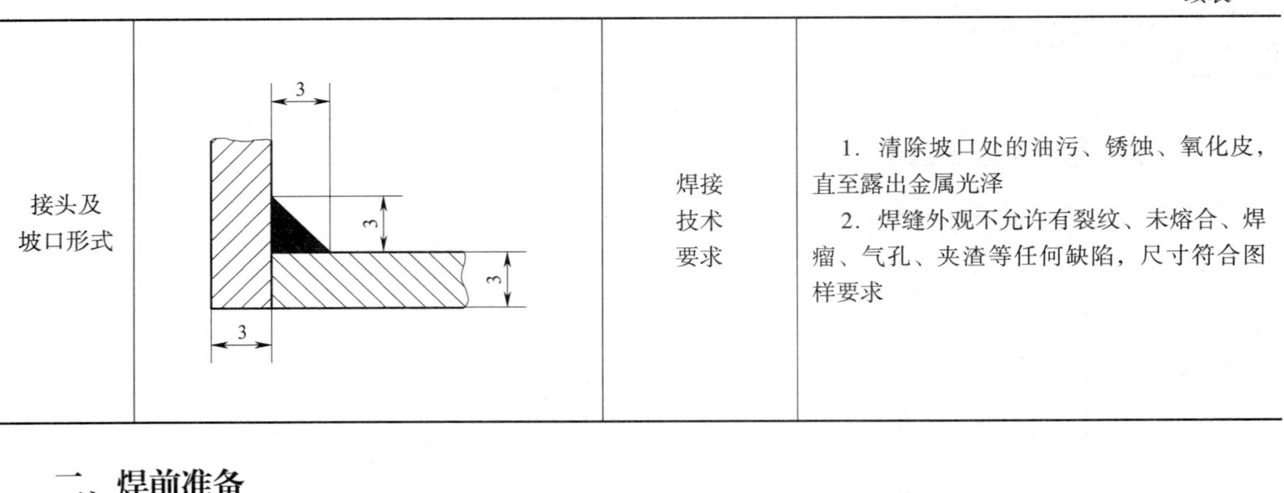	焊接技术要求	1．清除坡口处的油污、锈蚀、氧化皮，直至露出金属光泽 2．焊缝外观不允许有裂纹、未熔合、焊瘤、气孔、夹渣等任何缺陷，尺寸符合图样要求

二、焊前准备

1．焊机

采用 NBC-350 型 CO_2 气体保护焊焊机，极性为________________。

2．焊件

300 mm×150 mm×3 mm 和 300 mm×100 mm×3 mm 的 Q235 钢板各一块，将两块装配成一组焊件。清理焊件装配面和立板两侧________mm 范围内和焊丝表面的____________、____________、水分，直至露出金属光泽。

3．焊丝

选用 ER50-6 焊丝，直径为 1.2 mm。

4．气体

选用 CO_2 气体，纯度____________。

5．辅助工具

选用____。

6．焊前安全检查项目要求

焊前做好安全检查，确保工位、设备及周围环境符合作业要求；穿戴好安全帽、____________________、____________________，备好________________________、________________________。

三、装配与焊接

1．如图 2-2-14 所示，在焊件两端对称进行定位焊，定位焊缝长度为_______ mm，焊脚尺寸 K=______ mm（见图 2-2-15）。装配完毕应矫正焊件，保证立板与平板间的____________。

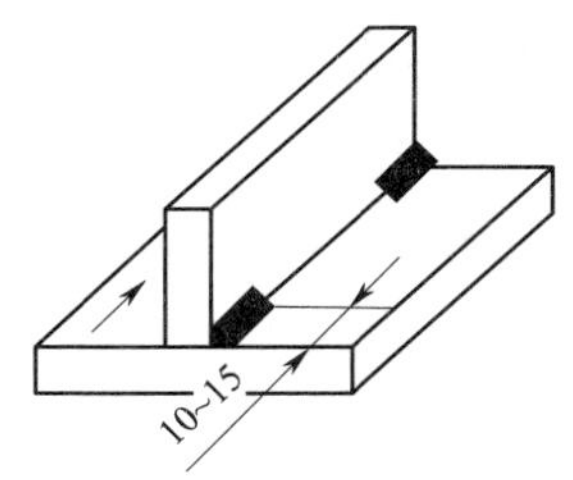

图 2-2-14　定位焊位置

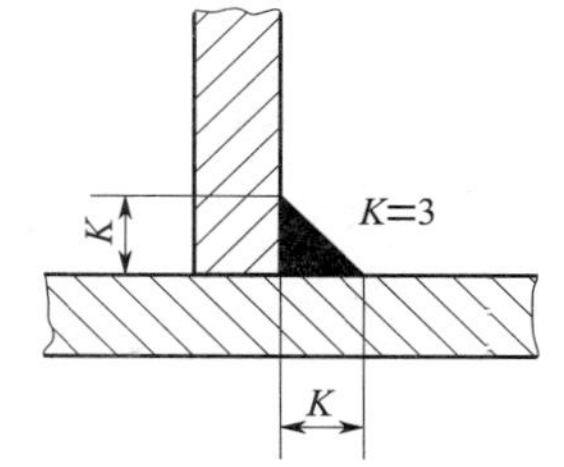

图 2-2-15　定位焊焊脚尺寸

2．观看教师示范操作，分组进行 CO_2 气体保护焊定位焊练习，说一说 CO_2 气体保护焊平角焊中定位焊的特点。

3．焊件焊接

观看教师的 CO_2 气体保护焊 T 形接头平角焊示范操作，完成下列引导问题：

（1）选用并记录主要焊接参数（见表 2-2-7）

表 2-2-7　低碳钢板 T 形接头平角焊焊接参数

焊接层数	焊接电流 / A	电弧电压 / V	焊丝直径 / mm	焊丝伸出长度 / mm	气体流量 /（L/min）	焊接材料	电源种类和极性
1			1.2		8 ~ 15	ER50-6	

（2）查阅资料，画出本学习活动 CO_2 气体保护焊 T 形接头平角焊时焊枪与焊件的角度示意图。

（3）采用左向焊法，一层一道。焊丝与水平板的夹角为________，焊枪后倾角为________，如图 2–2–16 所示。

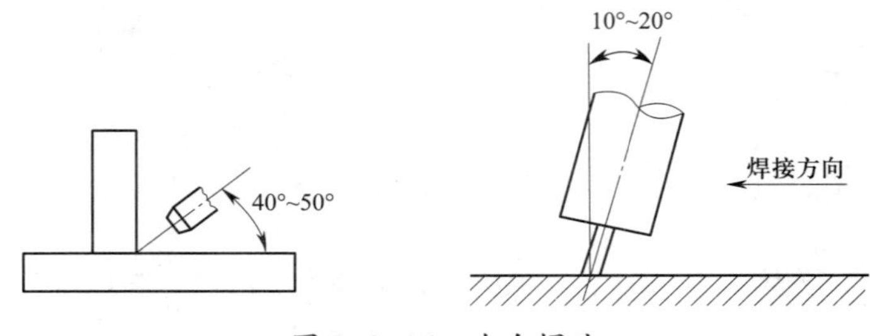

图 2–2–16　左向焊法

小贴士

焊丝的角度

1. 等厚度平角焊

一般焊丝与水平板的夹角为 40° ~ 50°（见图 2–2–17a）。当焊脚尺寸不大于 5 mm 时，焊丝的位置采用 A 方式；否则采用 B 方式，如图 2–2–17b 所示。焊枪后倾角为 10° ~ 25°。

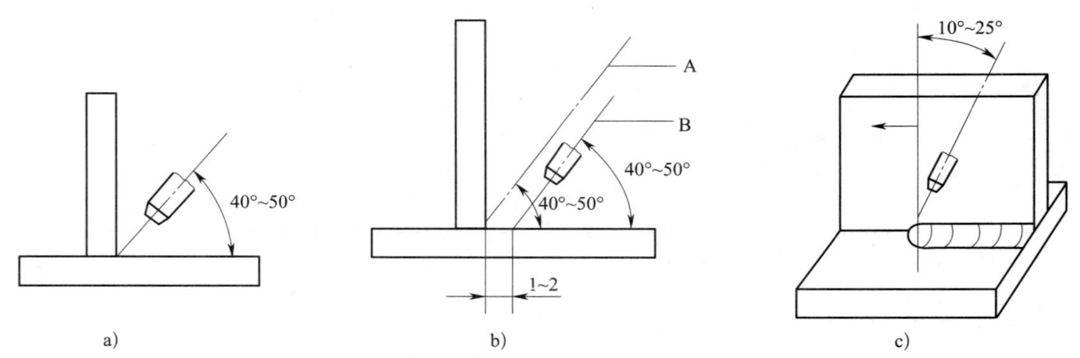

图 2–2–17　等厚度平角焊焊丝角度

a）焊丝与水平板的夹角　b）焊丝的位置　c）焊枪后倾角

2. 不等厚度平角焊

一般焊件焊丝的倾角应使电弧偏向厚板侧，焊丝与水平板的夹角比等厚度焊件大些，如图 2–2–18 所示，尽量使两板受热均衡。

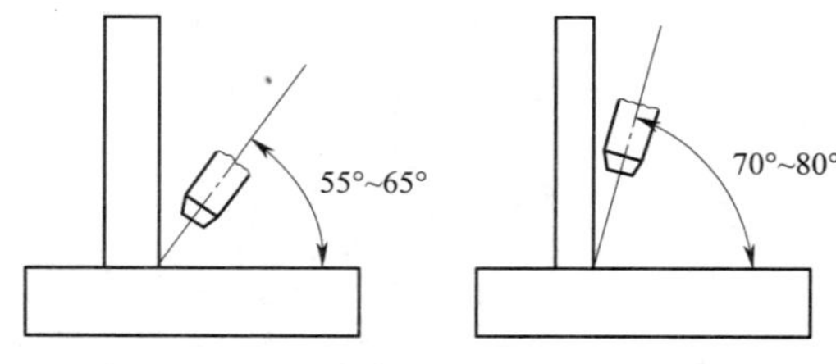

图 2–2–18　不等厚度平角焊焊丝角度

中厚板T形接头平角焊多层多道焊接

当焊脚尺寸小于8 mm时，可采用单层焊，采用直线形运丝法或斜圆圈形摆动焊枪，并以左向焊法进行焊接，如图2–2–19所示。当焊脚尺寸大于8 mm时，应采用多层焊或多层多道焊，其焊枪角度和指向位置如图2–2–20所示。

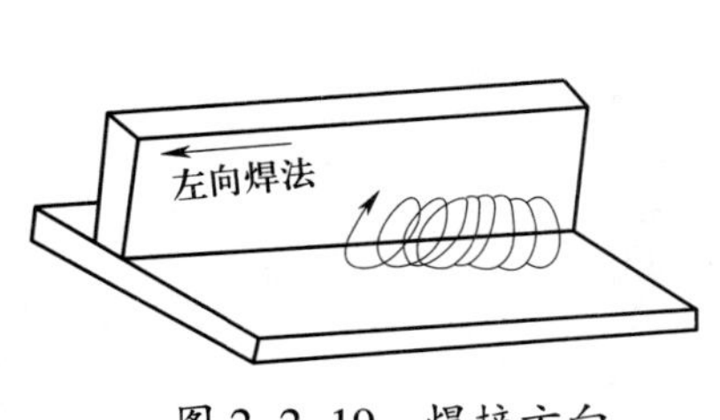

图2–2–19 焊接方向

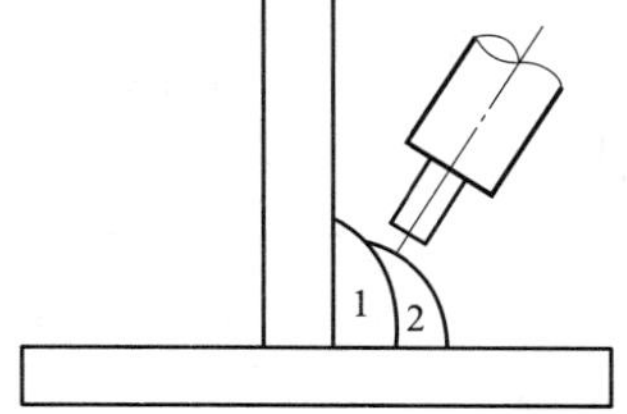

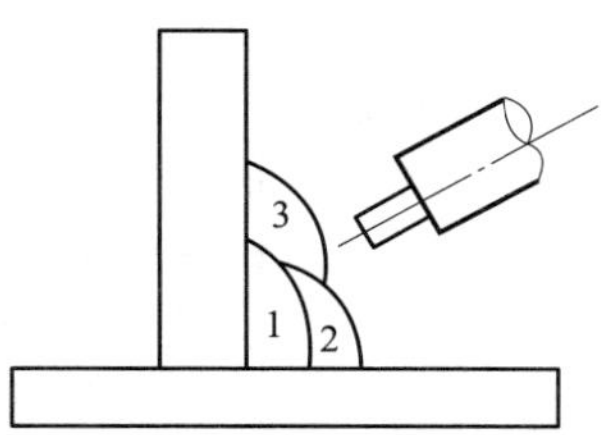

图2–2–20 多层焊焊枪角度和指向位置

4．扫描二维码，结合教师的指导，各组练习CO_2气体保护焊T形接头平角焊，并将练习过程中存在的问题及解决措施记录在表2–2–8中。

表2–2–8 低碳钢板T形接头平角焊操作中存在问题及解决措施

存在问题	解决措施

四、检验

焊接操作训练完成后，各小组分工合作，针对每名组员任务完成情况进行评价，将评价结果填入表2–2–9中。

表2–2–9 低碳钢板T形接头平角焊任务完成情况评分表

小组名称：____________ 组员姓名：____________

序号	考核内容	考核要点	评分标准	配分	扣分	得分
1	焊接准备	焊机、工具的焊前准备	按要求执行得5分；否则不得分	5		
		正确使用焊机	按要求使用得5分；否则不得分	5		

续表

序号	考核内容	考核要点	评分标准	配分	扣分	得分
2	焊缝外观质量	焊脚尺寸	每超差 1 mm 扣 1 分，扣完为止	14		
		焊缝余高差	≤ 1.5 mm 得 14 分；超出范围不得分	14		
		焊缝接头	接头超高 >1.5 mm 不得分	7		
			有弧坑不得分			
		焊缝成形	过渡圆弧圆滑，成形美观得 7 分；否则不得分	7		
		气孔、夹渣、未熔合	有任意一项则该项不得分	14		
		弧坑	弧坑深度 >0.5 mm 不得分	7		
		咬边	深度 >0.5 mm 且长度 >5 mm 不得分	7		
3	“6S”管理实施情况	劳动保护用品	未按要求穿戴劳动保护用品不得分	8		
		焊接过程	焊接过程中有违反安全操作规程的现象不得分	8		
		现场清理	现场未清理干净，工具摆放不整齐不得分	4		
合计				100		

注：1. 用 5 倍放大镜检查表面气孔。
2. 表面有裂纹、夹渣、未熔合、未焊透、焊穿等缺陷之一，外观按 0 分处理。
3. 焊缝未盖面，焊件有修磨、补焊等破坏焊缝表面现象，该训练任务按 0 分处理。

子活动 4　CO_2 气体保护焊 T 形接头立角焊

由于重力作用，熔滴易下坠，CO_2 气体保护焊 T 形接头立角焊焊接难度比平角焊大，立角焊的熔池位于两块立板的夹角内，根据熔池形状控制好熔池温度，可保证焊缝成形良好。

学习过程

在一些钢结构件焊接中，特别是大型结构件，在无法翻转零部件改变焊接位置时，立位角焊缝是不可避免的。

一、焊件图和焊接工艺卡

1．焊件图（见图 2-2-21）

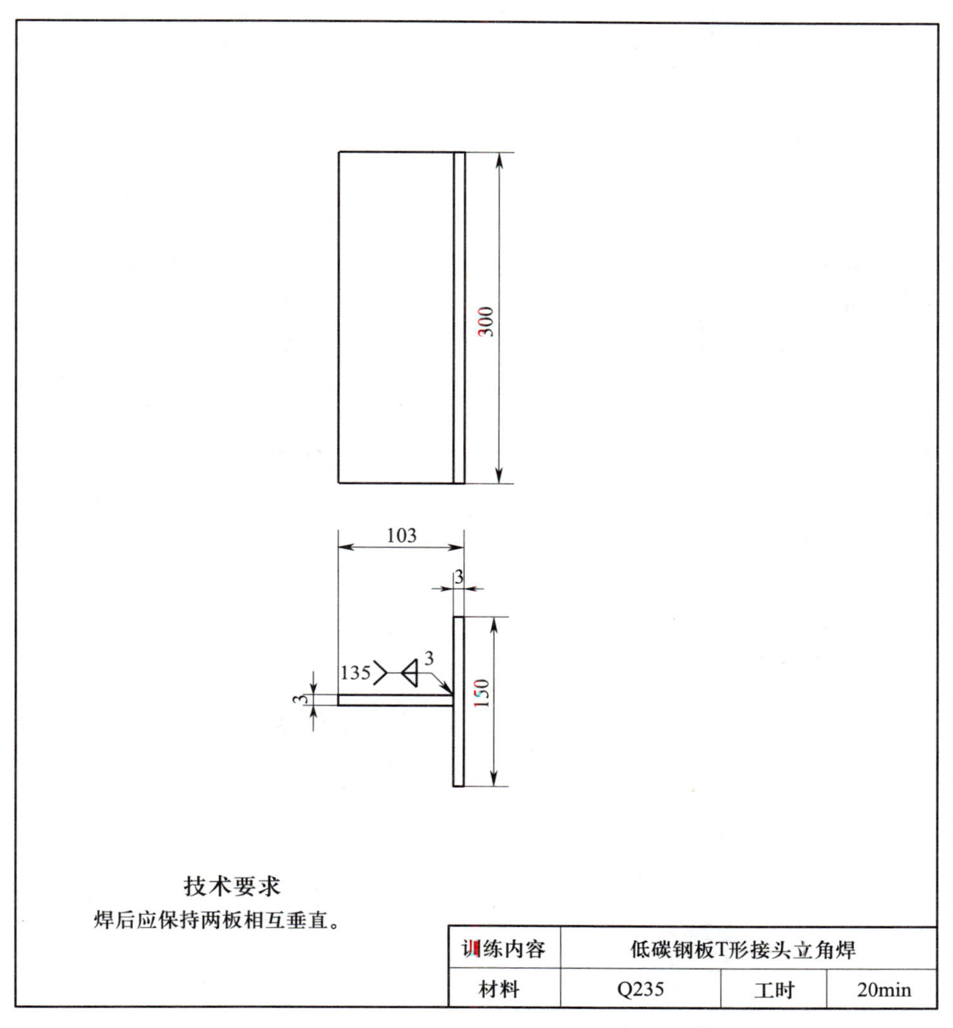

图 2-2-21　低碳钢板 T 形接头立角焊焊件图

2．焊接工艺卡（见表 2-2-10）

表 2-2-10　焊接工艺卡

工程名称	桁架 T 形接头立角焊			工艺卡编号	02		
材料	Q235 钢	规 格	板厚为 3 mm	焊接方法	CO_2 气体保护焊	焊工资格	特种作业操作证
焊评编号	无		外观检验	按照国家标准《钢结构工程施工质量验收标准》（GB 50205—2020），采用外观检验，检验比例为 100%		合格等级	Ⅱ级
适用范围	低碳钢板 T 形接头立角焊焊缝						

续表

焊接层数	焊接电流 / A	电弧电压 / V	焊丝直径 /mm	焊丝伸出长度 / mm	气体流量 / (L/min)	焊接材料	电源种类和极性
1	80 ~ 100	18 ~ 22	1.2	10 ~ 14	8 ~ 15	ER50–6	直流反接
接头及坡口形式	3 3 3 3			焊接技术要求	1. 清除坡口处的油污、锈蚀、氧化皮，直至露出金属光泽 2. 焊缝外观不允许有裂纹、未熔合、焊瘤、气孔、夹渣等任何缺陷，尺寸符合图样要求		

二、焊前准备（设备、工具、焊接材料、焊件）

1．焊机

采用 NBC–350 型 CO_2 气体保护焊焊机，极性为________________。

2．焊件

300 mm×150 mm×3 mm 和 300 mm×100 mm×3 mm 的 Q235 钢板各一块，将两块装配成一组焊件。清理焊件装配面和立板两侧________ mm 范围内和焊丝表面的________、________、水分，直至露出金属光泽。

3．焊丝

选用 ER50–6 焊丝，直径为 1.2 mm。

4．气体

选用 CO_2 气体，纯度____________。

5．辅助工具

选用____。

6．焊前安全检查项目要求

（1）场地：焊接场地周围________ m 范围内无____________________物品。

（2）设备：焊机____________________；风扇运转正常；通风及除尘系统正常。

（3）工具：工具能正常使用。

（4）夹具：装夹牢固。

（5）劳动保护用品：____。

三、装配与焊接

1．根据子活动 3“CO_2 气体保护焊 T 形接头平角焊”所学知识，分组阐述 CO_2 气体保护焊 T 形接头立角焊装配注意事项。

（1）在焊件两端对称进行定位焊，定位焊的起头和结尾处应圆滑，避免出现____________现象。定位焊缝长度为________ mm，装配完毕应________焊件，保证立板与平板间的____________。

（2）定位焊的焊接电流比正常焊接的焊接电流大____________。

（3）定位焊缝高度应不超过设计规定焊缝的________，越小越好。

2．查阅 CO_2 气体保护焊 T 形接头立角焊操作要领，完成下列问题。

（1）根据焊接方向，CO_2 气体保护焊 T 形接头立角焊操作分为两种方式，一种是________________，另一种是________________，如图 2–2–22 所示。

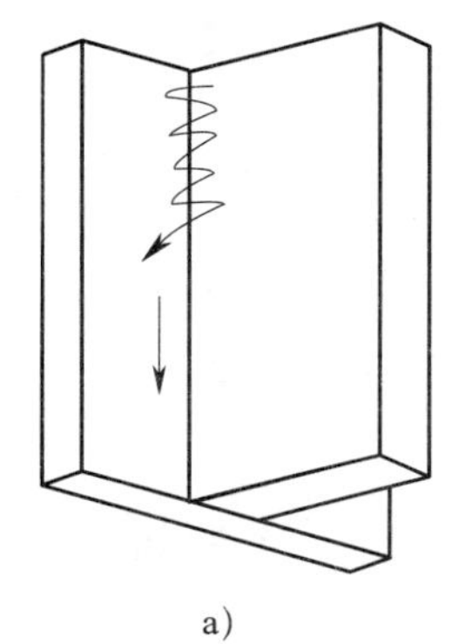

a）

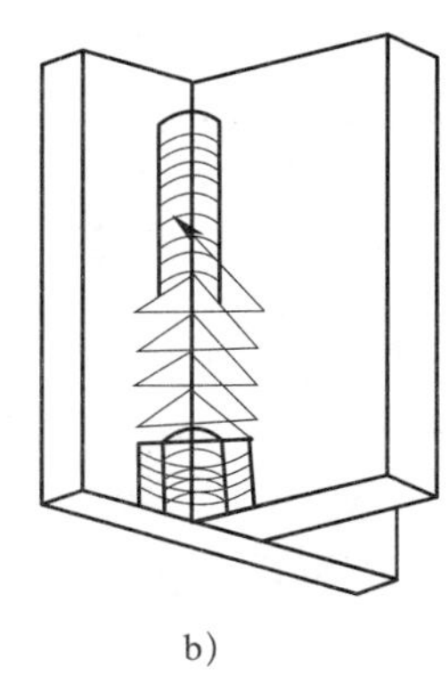

b）

图 2–2–22　立角焊操作方式

a）向下立焊　b）向上立焊

（2）扫描二维码，观看视频，记住 CO_2 气体保护焊 T 形接头立角焊操作要领。

1）焊接方向。CO_2 气体保护焊宜采用细丝____________________，以获得较好的焊缝成形。因为 CO_2 气流有________________________的作用，使其不易下坠，所以可以使用向下立焊或者向上立焊的方法。

一般情况下，当焊件厚度不大于 6 mm 时，采用________________的方法，在保证一定熔深的前提下，薄板向下焊接宜采用________、________、快速直线运丝操作手法，焊枪不做横向摆动，防止产生________、焊瘤等缺陷；当焊件厚度大于 6 mm 时，为保证焊缝有一定熔深，宜采用________________。

2）焊枪角度。与两块立板夹角为________，焊丝伸出方向与焊接方向夹角为____________。充分利用 CO_2 气流对熔池金属的________作用，避免铁液________。

3）运丝方式。立位焊接时，一般采用的横向摆动运丝法如图 2–2–23 所示，广泛使用反月牙形摆动和______________________，如果要求有较大的熔宽时，采用______________________，摆动运丝时应注意在两板侧______________。为了获得较好的焊缝成形，多采用正三角形摆动运丝法或月牙形摆动运丝法。采用三角形摆动运丝时，三个点要__________________，并且上顶点的停留时间要略长于其他两点，底边过渡要快些。

4）接头。为保证接头质量，应将待焊接头处用角向磨光机打磨成斜面，接头在弧坑前________ mm 处引弧，迅速回焊至____________，沿弧坑边缘左右摆动焊枪将弧坑填满，再正常焊接。

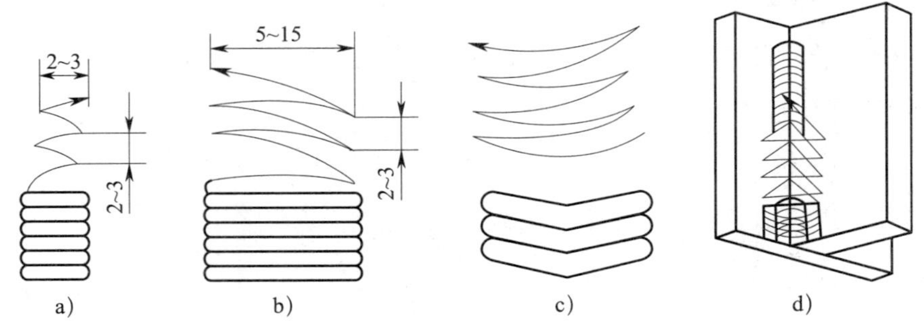

图 2-2-23　CO_2 气体保护焊立角焊横向摆动运丝法

a）小幅度摆动　b）反月牙形摆动　c）不推荐的月牙形摆动　d）三角形摆动

5）收尾。在收尾处采用________________或______________________________填满弧坑；也可用引出板将火口引至焊件以外。

小贴士

CO_2 气体保护焊立角焊操作要领

CO_2 气体保护焊立角焊分为向上立焊和向下立焊两种方式。

当焊件厚度不大于 6 mm 时，采用向下立焊的方法，焊枪向下倾斜一个角度，如图 2-2-24 所示。

当焊件厚度大于 6 mm 时，为保证焊缝有一定熔深，要采用向上立焊的方法，操作时，焊枪角度如图 2-2-25 所示。

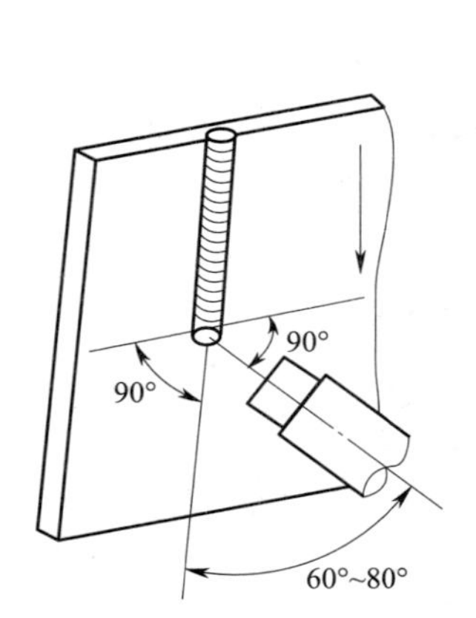

图 2-2-24　向下立焊时焊枪角度

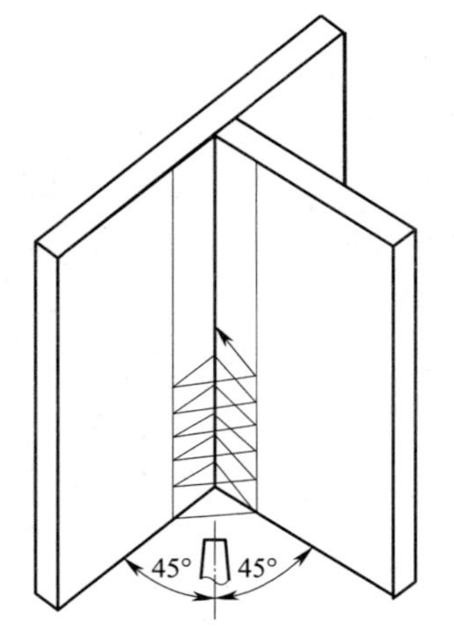

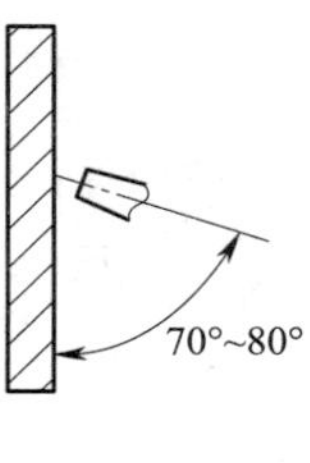

图 2-2-25　向上立焊时焊枪角度

3．观看教师示范，按表 2-2-11 所列的焊接参数进行 CO_2 气体保护焊 T 形接头立角焊练习，并将练习过程中存在的问题及解决措施记录在表 2-2-12 中。

表 2-2-11　　低碳钢板 T 形接头立角焊焊接参数

焊接层数	焊接电流 / A	电弧电压 / V	焊丝直径 / mm	焊丝伸出长度 /mm	气体流量 /（L/min）	焊接材料	电源种类和极性	焊接方向
1	80 ~ 100	18 ~ 22	1.2	10 ~ 14	8 ~ 15	ER50-6	直流反接	自选

表 2-2-12　　低碳钢板 T 形接头立角焊操作中存在问题及解决措施

存在问题	解决措施

四、检验

焊接操作训练完成后，各小组分工合作，针对每名组员任务完成情况进行评价，将评价结果填入表 2-2-13 中。

表 2-2-13　　低碳钢板 T 形接头立角焊任务完成情况评分表

小组名称：＿＿＿＿＿＿＿＿　　组员姓名：＿＿＿＿＿＿＿＿

序号	考核内容	考核要点	评分标准	配分	扣分	得分
1	焊接准备	焊机、工具的焊前准备	按要求执行得 5 分；否则不得分	5		
		正确使用焊机	按要求使用得 5 分；否则不得分	5		
2	焊缝外观质量	焊脚尺寸	每超差 1 mm 扣 1 分，扣完为止	14		
		焊缝余高差	≤ 1.5 mm 得 14 分；超出范围不得分	14		
		焊缝接头	接头超高 >1.5 mm 不得分	7		
			有弧坑不得分			

续表

序号	考核内容	考核要点	评分标准	配分	扣分	得分
2	焊缝外观质量	焊缝成形	过渡圆弧圆滑，成形美观得 7 分；否则不得分	7		
		气孔、夹渣、未熔合	有任意一项则该项不得分	14		
		弧坑	弧坑深度 >0.5 mm 不得分	7		
		咬边	深度 >0.5 mm 且长度 >5 mm 不得分	7		
3	“6S”管理实施情况	劳动保护用品	未按要求穿戴劳动保护用品不得分	8		
		焊接过程	焊接过程中有违反安全操作规程的现象不得分	8		
		现场清理	现场未清理干净，工具摆放不整齐不得分	4		
合计				100		

注：1. 用 5 倍放大镜检查表面气孔。
2. 表面有裂纹、夹渣、未熔合、未焊透、焊穿等缺陷之一，外观按 0 分处理。
3. 焊缝未盖面，焊件有修磨、补焊等破坏焊缝表面现象，该训练任务按 0 分处理。

子活动 5　学习活动评价

根据学习活动 2 的学习过程，完成本学习活动评价，将评价结果填入表 2-2-14 中。

表 2-2-14　学习活动评价

学习活动名称			小组名称		组员姓名				
评价项目		评价内容	评价标准	分值	评价方式			得分小计
					自我评价	小组评价	教师评价	
					10%	40%	50%	
关键能力	社会能力	团队协作能力	团队合作意识强，有效发挥个人作用	10				
		沟通表达能力	沟通能力强，表达准确、规范	10				
	方法能力	学习方法能力	自主学习能力强，学习方法正确	10				
		解决问题能力	解决问题方法正确，措施得当	10				

续表

<table>
<tr><td rowspan="3">评价项目</td><td rowspan="3">评价内容</td><td rowspan="3">评价标准</td><td rowspan="3">分值</td><td colspan="3">评价方式</td><td rowspan="3">得分小计</td></tr>
<tr><td>自我评价</td><td>小组评价</td><td>教师评价</td></tr>
<tr><td>10%</td><td>40%</td><td>50%</td></tr>
<tr><td rowspan="5">专业能力</td><td>安全、文明操作能力</td><td>劳动保护用品穿戴整齐，劳动纪律贯彻严格，“6S”管理开展有序</td><td>10</td><td></td><td></td><td></td><td></td></tr>
<tr><td>工艺文件识读能力</td><td>明确焊件图及焊接工艺卡技术要求、质量要求</td><td>10</td><td></td><td></td><td></td><td></td></tr>
<tr><td>焊前准备能力</td><td>设备、工具、焊件、焊接材料准备妥当，焊件装配及定位焊符合图样要求</td><td>10</td><td></td><td></td><td></td><td></td></tr>
<tr><td>焊接操作能力</td><td>设备和工具使用规范，操作要领运用熟练，焊接质量达到要求，工艺措施得当，焊后清理干净、整洁，设备和工具保养良好</td><td>20</td><td></td><td></td><td></td><td></td></tr>
<tr><td>焊后检验能力</td><td>检验工具使用熟练，检验结果记录科学，检验表格填写规范</td><td>10</td><td></td><td></td><td></td><td></td></tr>
<tr><td>指导教师综合评价</td><td colspan="7">得分总计：

指导教师签名：　　　　　　　　日期：</td></tr>
</table>

学习活动3 制 订 计 划

学习目标

1. 能通过技术交底和有效沟通明确桁架的焊接顺序、质量控制关键点、特殊要求、质量检验方法等，确定相应的预防和控制措施。

2. 能根据产品加工流程编写桁架焊接工作计划。

3. 能集体讨论、审定工作计划。

4. 能根据审定意见完善工作计划。

学习活动描述

依据桁架的结构特点、装配及焊接工艺要求，编制、审定桁架焊接工作计划，明确桁架焊接的任务、指标、完成时间和操作步骤，评价本活动学习成效。

子活动与建议学时

子活动 1　工作计划编写　7 学时

子活动 2　工作计划审定　4 学时

子活动 3　学习活动评价　1 学时

学习准备

资料与材料：工作页、技术标准、焊接工艺文件、专业书籍等。

设备与工具：多媒体教学设备等。

子活动 1　工作计划编写

焊接结构件从原材料到成品需要经过设计、下料、装配、焊接、检验等诸多环节。完成桁架焊接这一工作任务需要工程技术人员对桁架焊接的各环节做好规划和安排。

学习过程

一、桁架生产工艺流程

焊接结构生产工艺过程是指由金属材料（包括板材、型材和其他零部件等）经过一系列加工工序，装配及焊接成焊接结构成品的过程。

该过程包括根据生产任务的性质、____________________、________________和企业条件，运用现代焊接技术及相应的金属材料加工和保护技术、无损检测技术等完成焊接结构产品的全部生产过程中的一系列工艺过程。一般焊接结构生产工艺过程如图 2-3-1 所示。

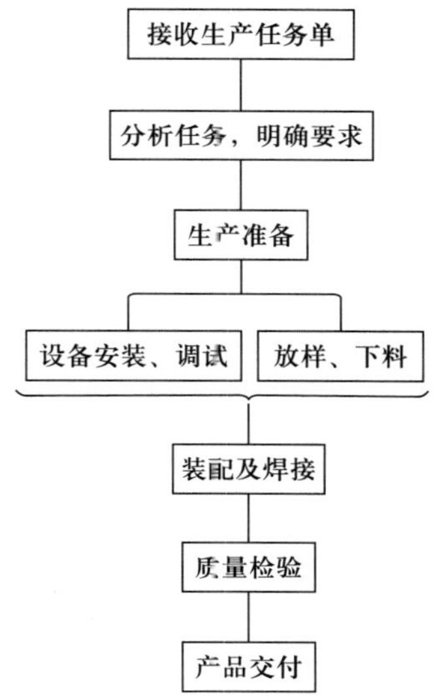

图 2-3-1　焊接结构生产工艺过程

1．参考焊接结构生产工艺过程，根据桁架焊接工艺流程，结合所学知识，简述桁架焊接具体涉及的工艺流程。

2．查阅相关标准，完成以下问题。

（1）钢材的下料与划线极限偏差不得大于________ mm，切割型钢时端部倾斜不得大于________ mm。

（2）碳素结构钢工作地点温度低于________℃，低合金结构钢工作地点温度低于________℃时，不得进行____________和冷弯曲。

（3）碳素结构钢和低合金结构钢矫正时的加热温度不得高于________℃，对低合金结构钢矫正后必须________冷却。

（4）矫正后的钢材表面不应有明显的凹陷和损伤，并不应有深度大于________ mm 的划痕。

（5）桁架杆件轴线汇交点极限偏差不得大于________ mm。

3．查看生产任务单及图样，结合本专业实训车间现有资源，你认为可以采取哪些切割方法完成桁架方管的切割下料？哪种方法最适合本学习任务？

二、工作计划编写

1．连接图 2–3–2 中对应的工艺流程名称。

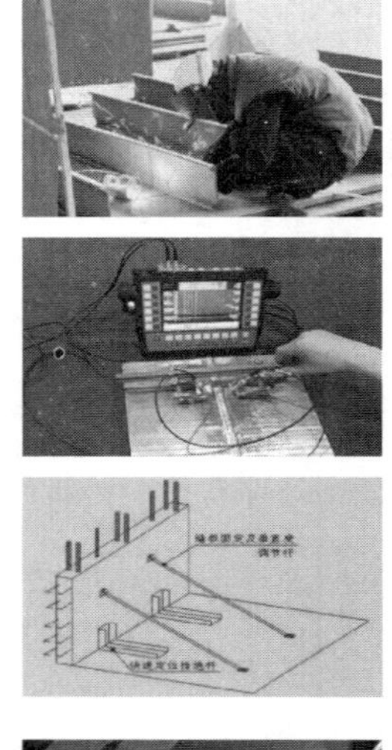

（1）下料

（2）划线定位

（3）装配

（4）焊接

（5）焊后检验

图 2–3–2　工艺流程连线

2．根据所学知识，完成下列问题，各小组派代表说明理由。

（1）写出制作桁架的焊接工艺流程。

（2）在完成本学习任务中各小组需要做好哪些工作?

3．根据桁架焊接工艺流程及具体工作内容，各组组员相互交流，明确各环节工作要求、负责人和用时，编写小组工作计划，见表 2–3–1。

表 2–3–1　　桁架焊接工作计划

小组名称：________________　　日期：______年____月____日

序号	工作内容	工作要求	负责人	用时
1				
2				
3				
4				
5				
6				
7				
8				
9				

子活动 2　工作计划审定

工作计划审定是对初定计划的审核与确定。对初定计划进行讨论、分析，去除不合理、不正确的内容，优化各小组工作计划。

学习过程

一、展示小组工作计划，阐述编写内容和依据。

二、教师审定各组工作计划，分析各组工作计划中存在的问题，提出意见或建议。各小组将相关内容记录在表 2-3-2 中。

表 2-3-2　　工作计划修改记录

小组名称：________________　　日期：______年____月____日

序号	存在问题	修改意见
1		
2		
3		
4		
5		

三、根据各组审定意见和教师点评，各小组对工作计划进行修改及完善，填写表 2-3-3。

表 2-3-3　　桁架焊接实际工作计划

小组名称：________________　　日期：______年____月____日

序号	工作内容	工作要求	负责人	用时
1				
2				
3				
4				
5				
6				
7				
8				
9				

子活动 3　学习活动评价

根据学习活动 3 的学习过程，完成本学习活动评价，将评价结果填入表 2-3-4 中。

表 2-3-4　学习活动评价

<table>
<tr><td colspan="2">学习活动名称</td><td></td><td>小组名称</td><td></td><td>组员
姓名</td><td colspan="4"></td></tr>
<tr><td colspan="2" rowspan="3">评价项目</td><td rowspan="3">评价内容</td><td rowspan="3" colspan="2">评价标准</td><td rowspan="3">分值</td><td colspan="3">评价方式</td><td rowspan="3">得分
小计</td></tr>
<tr><td>自我
评价</td><td>小组
评价</td><td>教师
评价</td></tr>
<tr><td>10%</td><td>40%</td><td>50%</td></tr>
<tr><td rowspan="4">关键
能力</td><td rowspan="2">社会
能力</td><td>团队协作能力</td><td colspan="2">团队合作意识强，有效发挥个人作用</td><td>15</td><td></td><td></td><td></td><td></td></tr>
<tr><td>沟通表达能力</td><td colspan="2">沟通能力强，表达准确、规范</td><td>20</td><td></td><td></td><td></td><td></td></tr>
<tr><td rowspan="2">方法
能力</td><td>学习方法能力</td><td colspan="2">自主学习能力强，学习方法正确</td><td>10</td><td></td><td></td><td></td><td></td></tr>
<tr><td>解决问题能力</td><td colspan="2">解决问题方法正确，措施得当</td><td>20</td><td></td><td></td><td></td><td></td></tr>
<tr><td colspan="2" rowspan="2">专业能力</td><td>安全、文明操作能力</td><td colspan="2">劳动保护用品穿戴整齐，劳动纪律贯彻严格，“6S”管理开展有序</td><td>15</td><td></td><td></td><td></td><td></td></tr>
<tr><td>工艺分析能力</td><td colspan="2">工艺流程制定合理，关键质量控制点识别准确</td><td>20</td><td></td><td></td><td></td><td></td></tr>
<tr><td colspan="2">指导教师
综合评价</td><td colspan="8">得分总计：

指导教师签名：　　　　　　　　　　日期：</td></tr>
</table>

学习活动4 任 务 实 施

学习目标

1. 能根据工作计划完成桁架焊前各项准备工作。

2. 能根据焊接工艺文件进行桁架装配，确认装配质量符合要求。

3. 能根据桁架的结构和焊接变形特点，合理安排焊接顺序，确定合理的预防焊接变形措施。

4. 能严格执行焊接工艺文件，熟练运用 CO_2 气体保护焊完成桁架焊接工作。

5. 能解决桁架焊接工作过程中的常见和复杂问题。

学习活动描述

通过前面的技能学习和工作准备活动，掌握了低碳钢板 T 形接头角焊缝的 CO_2 气体保护焊技能和方法后，严格按照焊接工艺文件中的焊接参数完成桁架焊接。

子活动与建议学时

子活动 1	焊前准备	4 学时
子活动 2	装配与焊接	20 学时
子活动 3	学习活动评价	2 学时

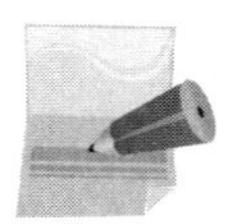

学习准备

资料与材料：工作页、技术标准、焊接工艺文件、专业书籍、方管、实心焊丝、CO_2 气体（纯度≥ 99.5%）等。

设备与工具：多媒体教学设备、CO_2 气体保护焊设备、焊接辅助工具、夹具、通风及除尘设备等。

子活动 1　焊 前 准 备

桁架焊前准备主要有焊接设备、材料、工具和场地准备以及焊前安全检查等内容，焊工需要做好焊接的个人安全防护工作，以保障焊接的顺利实施。

学习过程

一、设备及工具准备

1．焊接设备

准备________________设备，包括____。

2．焊接辅助工具

准备____。

二、材料准备

1．焊接材料

准备____。

2．焊件

准备____。

（1）下料前应核对______________并进行外观检查。

（2）下料方法：__________________、______________________，切割下料、放样和号料应根据工艺要求预留__________________。

（3）清除钢材表面的__________、飞溅物、__________、__________等。

（4）下料完毕，应对钢材切割面进行检查，要求切割尺寸误差为 ±2 mm，切割面应无裂纹、夹渣和大于 1 mm 的缺棱。测量零件尺寸是否符合要求，填写表 2–4–1。

表 2–4–1　　零件尺寸实测记录

序号	名称	数量 / 根	标称尺寸 /mm	实测尺寸 /mm	误差值 /mm
1	横杆	6			
2	斜杆	4			
3	垂直杆	6			
4	上弦杆	2			
5	下弦杆	2			

三、焊前安全检查

1. 场地：焊接场地周围____________ m 范围内无____________________物品。

2. 设备：焊机____________________；风扇运转正常；通风及除尘系统正常。

3. 工具：工具能正常使用。

4. 夹具：装夹牢固。

5. 劳动保护用品：____

____。

6. 填写安全检查点检表，见表 2–4–2。

表 2–4–2　　安全检查点检表

检查项目	是否正常 （正常打“√”，异常打“×”）	异常情况处理方法
场地周边无易燃、易爆物品		
场地不存在安全隐患		
通风及除尘设备运行良好		
焊机一次侧线连接无松动、裸露		
焊机二次侧线连接无松动、裸露		
焊机控制面板调节功能正常		
焊枪完好无损		
焊机能正常引弧、焊接、收弧		
焊接平台和夹具稳定可靠		
工具和设备正常		
个人劳动保护用品穿戴规范		

子活动 2　装配与焊接

装配和焊接是桁架焊接中最主要的施工环节。装配质量的高低影响焊接工作能否顺利进行，焊接参数的选用和焊接操作手法决定着焊接质量的好坏。

学习过程

一、桁架装配

查阅资料，回答以下问题：

1. 装配是指将焊接前加工好的零部件，采用适当的工艺方法，按生产图样和技术要求连接成__________

或________________的工艺过程。

2．在结构装配过程中，必须根据一些指定的__________、__________、__________来确定零件或部件在结构中的位置，这些作为依据的点、线、面称为定位基准。想一想，桁架装配过程中可以选择哪些基准件作为定位基准？

3．想一想，桁架装配过程中要注意测量哪些项目？

4．查阅相关资料，分小组讨论桁架垂直度误差的测量方法有哪些？

5．各小组选出一种最实用的检测桁架上弦杆和下弦杆平行度误差的方法对图 2–4–1 所示桁架进行检测，并写出理由。

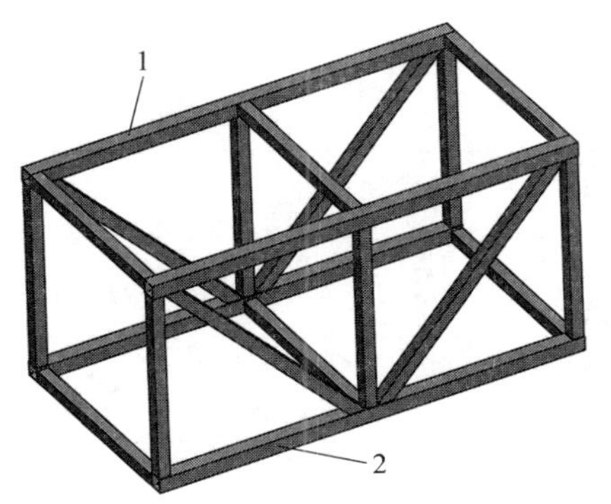

图 2–4–1　桁架

1—上弦杆　2—下弦杆

6．桁架装配用设备有装配平台、转胎、专用胎架。桁架单元的焊接应在预先准备好的________上进行，以保证结构和形状的准确性。桁架单元焊接尺寸必须准确，以保证高空安装（总拼）时节点的吻合及减小累积误差。桁架装配定位顺序如图 2–4–2 中序号所示，单元格的装配及焊接应按________________，从中间向两边，______________的顺序进行；在同一节点上按先大件后小件，________________的顺序进行。

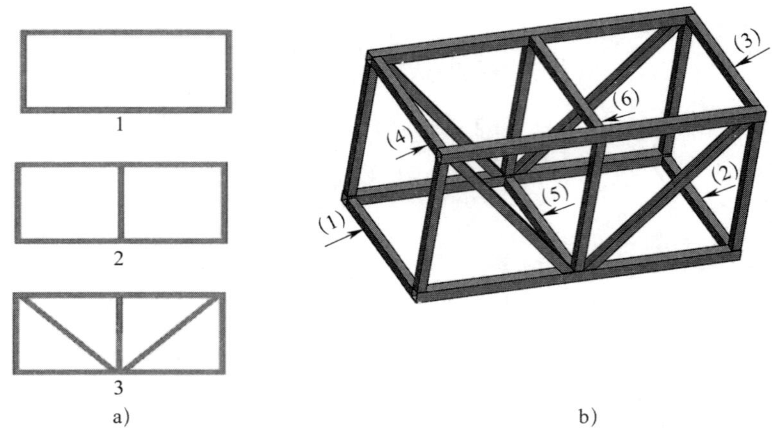

图 2–4–2　桁架装配定位顺序

a）平面装配定位顺序　b）空间装配定位顺序

7．利用所学装配知识，按照工艺技术要求，分组对桁架进行装配及定位焊。定位焊缝焊接完成后清理焊缝表面，检查定位焊缝质量，对不合格的定位焊缝进行修补，填写装配质量检验表，见表 2–4–3。

表 2–4–3　装配质量检验表

序号	检验项目	装配质量要求	检验结果
1	装配间隙	无	
2	错边量	<0.5 mm	
3	反变形量	<3°	
4	焊缝外观成形	良好	
5	夹渣	不允许	
6	气孔	不允许	
7	焊瘤	不允许	

8．查阅资料，讨论如何控制桁架焊接变形?

二、桁架焊接

1．各小组根据焊接工艺卡细化焊接方案，明确焊接顺序，填写焊接规范表（见表 2–4–4），并完成桁架的焊接工作。

表 2–4–4 焊接规范表

步骤	焊缝编号	焊接方法和焊接位置	负责人	注意事项

2. 以小组为单位，按照本组桁架焊接工作计划（见表 2–3–3），实施桁架焊接任务，并将整个工作过程如实、完整地记录下来，填写表 2–4–5 和表 2–4–6。

表 2–4–5 桁架焊缝质量检验记录表

检查项目	检验方法及工具	检查要求	自检检测值	他检检测值
焊缝宽度差	焊接检验尺和钢直尺	≤ 1 mm		
焊缝余高	焊接检验尺和钢直尺	0.5 ~ 2 mm		
焊缝余高差	焊接检验尺和钢直尺	≤ 1.5 mm		
咬边	低倍放大镜和钢直尺	无		
夹渣	低倍放大镜	无		
气孔	低倍放大镜	无		
未焊透	低倍放大镜和钢直尺	无		
裂纹	低倍放大镜	无		
焊缝表面成形	低倍放大镜	波纹细腻、均匀、美观		
角变形	钢直尺、水平仪	≤ 3°		

表 2-4-6 工作过程记录表

序号	工作内容	人员分工	成果图片 （拍摄后打印并粘贴）	工艺方法或焊接参数	辅助工具	检测手段	存在问题	解决方法
1								
2								
3								
4								
5								
6								

子活动 3　学习活动评价

根据学习活动 4 的学习过程，完成本学习活动评价，将评价结果填入表 2–4–7 中。

表 2–4–7　学习活动评价

<table>
<tr><td colspan="2">学习活动名称</td><td></td><td>小组名称</td><td></td><td>组员姓名</td><td colspan="4"></td></tr>
<tr><td colspan="2" rowspan="3">评价项目</td><td rowspan="3">评价内容</td><td colspan="2" rowspan="3">评价标准</td><td rowspan="3">分值</td><td colspan="3">评价方式</td><td rowspan="3">得分小计</td></tr>
<tr><td>自我评价</td><td>小组评价</td><td>教师评价</td></tr>
<tr><td>10%</td><td>40%</td><td>50%</td></tr>
<tr><td rowspan="4">关键能力</td><td rowspan="2">社会能力</td><td>团队协作能力</td><td colspan="2">团队合作意识强，有效发挥个人作用</td><td>5</td><td></td><td></td><td></td><td></td></tr>
<tr><td>沟通表达能力</td><td colspan="2">沟通能力强，表达准确、规范</td><td>5</td><td></td><td></td><td></td><td></td></tr>
<tr><td rowspan="2">方法能力</td><td>学习方法能力</td><td colspan="2">自主学习能力强，学习方法正确</td><td>5</td><td></td><td></td><td></td><td></td></tr>
<tr><td>解决问题能力</td><td colspan="2">解决问题方法正确，措施得当</td><td>5</td><td></td><td></td><td></td><td></td></tr>
<tr><td colspan="2" rowspan="5">专业能力</td><td>安全、文明操作能力</td><td colspan="2">劳动保护用品穿戴整齐，劳动纪律贯彻严格，“6S”管理开展有序</td><td>10</td><td></td><td></td><td></td><td></td></tr>
<tr><td>工艺分析能力</td><td colspan="2">装配及焊接顺序、焊件变形控制措施制定得当，焊前预热及焊后保温、缓冷措施到位</td><td>15</td><td></td><td></td><td></td><td></td></tr>
<tr><td>焊前准备能力</td><td colspan="2">设备、工具、焊件、焊接材料准备妥当，焊件装配及定位焊符合图样要求</td><td>15</td><td></td><td></td><td></td><td></td></tr>
<tr><td>焊接操作能力</td><td colspan="2">设备、工具使用规范，操作要领运用熟练，焊接质量达到要求，工艺措施得当，焊后清理干净、整洁，设备、工具保养良好</td><td>30</td><td></td><td></td><td></td><td></td></tr>
<tr><td>焊后检验能力</td><td colspan="2">产品尺寸、焊缝检验记录完整</td><td>10</td><td></td><td></td><td></td><td></td></tr>
<tr><td colspan="2">指导教师综合评价</td><td colspan="8">得分总计：

指导教师签名：　　　　　　　　日期：</td></tr>
</table>

学习活动 5　焊接质量检验与返修

学习目标

1. 能熟知桁架验收标准。
2. 能正确使用焊缝测量工具进行桁架焊缝外观质量检验并记录数据。
3. 能读懂焊缝返修通知单，明确返修要求。
4. 能正确选用返修设备、工具，清除焊接缺陷。
5. 能遵循返修工艺完成焊缝缺陷返修工作。

学习活动描述

在焊接生产过程中，由于各种原因，往往会在焊接接头区域内产生不符合设计要求的焊接缺陷。焊接缺陷的存在会直接影响焊接产品的使用性能和安全性，轻则导致产品报废，重则发生安全生产事故。因此，要在整个焊接作业中对焊接区域进行质量检验，并对不合格的焊接产品进行返修。

子活动与建议学时

子活动 1	焊接质量检验	5 学时
子活动 2	缺陷返修	6 学时
子活动 3	学习活动评价	1 学时

学习准备

资料与材料：工作页、技术标准、焊接工艺文件、专业书籍等。

设备与工具：多媒体教学设备、焊接检验尺、钢直尺、放大镜等。

子活动 1 焊接质量检验

焊接质量检验是发现焊接缺陷、避免发生安全事故的主要措施。根据检验部位不同，焊接质量检验可分为外观质量检验和内部质量检验。根据是否对接头产生破坏，可分为破坏性检验、非破坏性检验。

学习过程

一、安全事故案例学习

2010 年 6 月 29 日，深圳东部华侨城大峡谷探险乐园“太空迷航”设备（见图 2-5-1）发生垮塌事故。事故的原因除了存在设计缺陷外，5 号座舱侧导柱焊缝存在虚焊缺陷，受力后完全断裂。

图 2-5-1　华侨城“太空迷航”设备

1999 年 1 月 4 日，重庆市綦江县城跨越綦河两岸的人行彩虹桥（见图 2-5-2，长虹卧波，綦城一景）整体垮塌，造成 40 人遇难。焊接桥梁结构时，管及板的焊接接口在桥梁承载面上呈对齐分布，结构件的薄弱部位集中分布在同一横截面上，导致事故发生。

2010 年 12 月，内蒙古自治区鄂尔多斯市国际那达慕大会主会场发生坍塌事故（见图 2-5-3），其主体结构投资达十几亿元。据专家的勘察判定，钢结构的焊缝和质量缺陷、个别杆件连接不够规范是造成这次事故的主要原因。遇到骤冷天气，主体钢结构出现较大伸缩也是造成坍塌事故的重要原因。

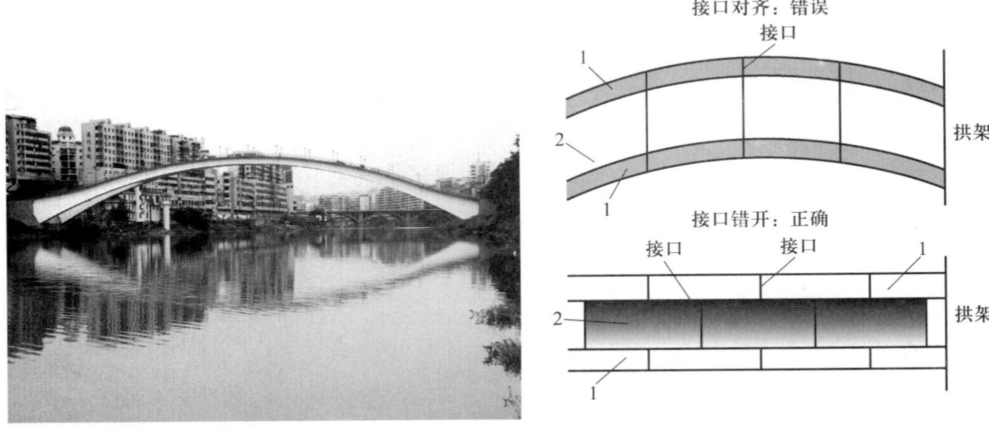

图 2-5-2 綦江人行彩虹桥

1—钢管 2—钢板

图 2-5-3 国际那达慕大会主会场坍塌现场

美国第 4 代核动力 SSN-21“海狼”级攻击型核潜艇（见图 2-5-4）可执行反潜、攻舰、对岸攻击、布雷和为航母编队护航等多项任务。概念设计完成后，美海军计划建造 30 艘核潜艇，经费高达 360 亿美元，成为美海军有史以来耗资最大的一项潜艇发展计划，被称为“海军现代化计划之基石”。“海狼”级攻击型核潜艇在建造过程中发生了严重焊接质量事故，使每艘核潜艇造价猛增至 25 亿美元。

图 2-5-4 美国“海狼”级攻击型核潜艇

阅读上文，查阅相关资料，小组讨论并回答以下问题：

1．焊接质量检测工作具有哪些职能？

2．焊接检验按过程可分为哪三类？分别叙述其主要内容。

3．在图 2–5–5 中标注焊缝外观尺寸检测项目。

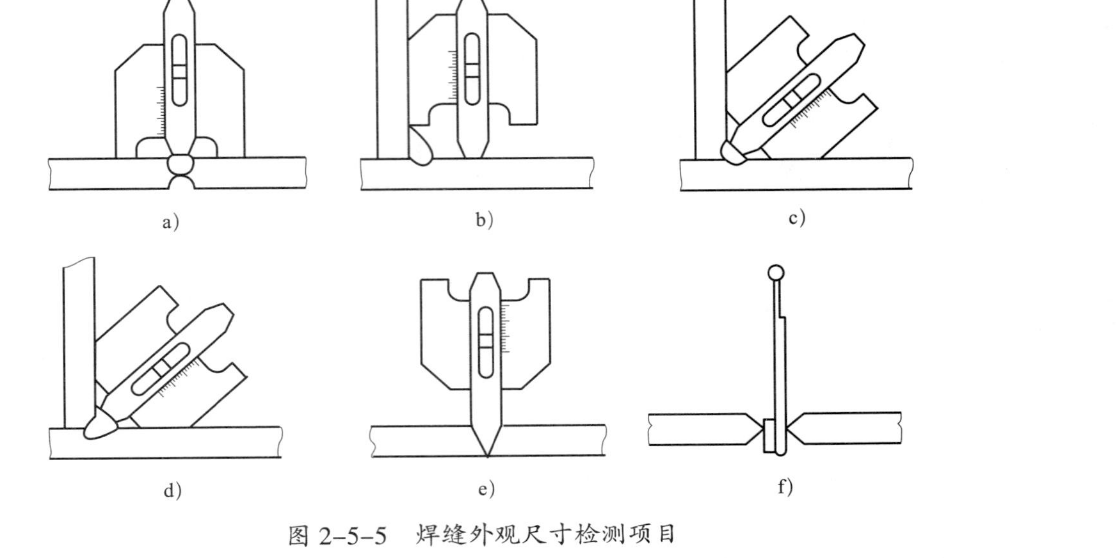

图 2–5–5　焊缝外观尺寸检测项目

a）＿＿＿＿＿＿　b）＿＿＿＿＿＿　c）＿＿＿＿＿＿　d）＿＿＿＿＿＿　e）＿＿＿＿＿＿　f）＿＿＿＿＿＿

二、桁架焊接质量检验

正确使用检验工具完成桁架几何尺寸检测及焊缝外观质量检验，并记录检验结果，填写表 2–5–1 和表 2–5–2。

表 2–5–1　桁架几何尺寸检测记录表

检测项目	图样尺寸 /mm	实测尺寸 /mm	检测结果
桁架长度			
桁架宽度			
桁架高度			

表 2–5–2　桁架焊缝外观质量检验表

检查项目	检验方法及工具	检查要求	检测值	处置措施
焊缝宽度差	焊接检验尺和钢直尺	≤ 1 mm		
焊缝余高	焊接检验尺和钢直尺	0.5 ～ 2 mm		
焊缝余高差	焊接检验尺和钢直尺	≤ 1.5 mm		
焊脚尺寸	焊接检验尺和钢直尺	3 ～ 4 mm		
咬边	低倍放大镜和钢直尺	无		
夹渣	低倍放大镜	无		
气孔	低倍放大镜	无		

续表

检查项目	检验方法及工具	检查要求	检测值	处置措施
未焊透	低倍放大镜和钢直尺	无		
裂纹	低倍放大镜	无		
焊缝表面成形	低倍放大镜	波纹细腻、均匀、美观		
角变形	钢直尺和水平仪	≤ 3°		

子活动 2　缺 陷 返 修

焊接缺陷的存在不仅影响外观，也影响产品的使用，留下安全隐患。因此，必须将不符合要求的焊接缺陷进行清除、补焊，使其达到质量要求。

学习过程

一、返修通知单

前面已对桁架进行了外观检验，如发现超出标准要求的缺陷，由检验人员填写焊缝返修通知单（见表 2–5–3），通知焊接人员进行焊缝返修。

表 2–5–3　　焊缝返修通知单

<table>
<tr><td colspan="6">焊缝返修通知单</td><td colspan="2" rowspan="2">编号：
返修次数：
签发人：</td></tr>
<tr><td>产品名称</td><td colspan="2">桁架</td><td>产品编号</td><td colspan="2"></td></tr>
<tr><td>材料牌号</td><td colspan="2">施焊单位</td><td>厚度</td><td>焊工代号</td><td colspan="2">检测方法</td><td>焊接方法</td></tr>
<tr><td>Q235</td><td colspan="2"></td><td>3 mm</td><td></td><td colspan="2">外观检验</td><td></td></tr>
<tr><td rowspan="3">缺陷部位</td><td>检验报告编号</td><td>缺陷长度</td><td>缺陷性质</td><td>缺陷位置</td><td>评定级别</td><td>检测日期</td><td>返修次数</td></tr>
<tr><td></td><td></td><td></td><td></td><td></td><td></td><td></td></tr>
<tr><td></td><td></td><td></td><td></td><td></td><td></td><td></td></tr>
<tr><td>缺陷核实情况及返修意见</td><td colspan="3">经核实存在缺陷，用砂轮机打磨，至缺陷清除，按制定的焊缝返修工艺进行返修
核实者（签字）：____________
日　　期：______年___月___日</td><td>焊接负责人审批</td><td colspan="3">同意返修
审批（签字）：____________
日　　期：______年___月___日</td></tr>
</table>

续表

	焊层	焊接方法	焊接材料		焊接电流/A	电弧电压/V	焊接速度/（mm/min）	返修自检结果： 返修焊工姓名： 返修焊工代号： 返修日期： 自检签字：
			型号	规格/mm				
返修工艺								
施焊记录								专检检验结果： 专检人员签字： 日期：

返修流转程序：

一次返修、二次返修：检验员→生产车间→焊接工艺员→焊接负责人→焊接工艺员→生产车间→检验员→归档

三次返修：检验员→焊接工艺员→焊接负责人→质量工程师→焊接负责人→焊接工艺员→生产车间→检验员→归档

二、焊缝返修

1．填写焊缝缺陷返修工作小组分工情况记录表，见表 2–5–4。

表 2–5–4　小组分工情况记录表

项目	分工	职责	工作内容	备注

2．各小组汇报焊缝缺陷返修所需材料和工具，填写表 2–5–5。

表 2–5–5　返修材料和工具表

序号	名称	型号	用途	备注
1				
2				
3				
4				
5				
6				
7				

3．以小组为单位进行焊缝缺陷返修，对焊接工艺要点进行记录并汇报。

4．记录焊缝缺陷返修过程中出现的质量问题，并找出合理的解决方案，填写表 2–5–6。

表 2–5–6　　质量问题解决方案分析

质量问题	解决方案

5．小组对返修后的自检情况进行汇报，并将汇报内容记录下来。

子活动 3　学习活动评价

根据学习活动 5 的学习过程，完成本学习活动评价，将评价结果填入表 2–5–7 中。

表 2–5–7　学习活动评价

<table>
<tr><td colspan="2">学习活动名称</td><td></td><td>小组名称</td><td></td><td>组员姓名</td><td colspan="4"></td></tr>
<tr><td colspan="2" rowspan="3">评价项目</td><td rowspan="3">评价内容</td><td colspan="2" rowspan="3">评价标准</td><td rowspan="3">分值</td><td colspan="3">评价方式</td><td rowspan="3">得分小计</td></tr>
<tr><td>自我评价</td><td>小组评价</td><td>教师评价</td></tr>
<tr><td>10%</td><td>40%</td><td>50%</td></tr>
<tr><td rowspan="4">关键能力</td><td rowspan="2">社会能力</td><td>团队协作能力</td><td colspan="2">团队合作意识强，有效发挥个人作用</td><td>5</td><td></td><td></td><td></td><td></td></tr>
<tr><td>沟通表达能力</td><td colspan="2">沟通能力强，表达准确、规范</td><td>5</td><td></td><td></td><td></td><td></td></tr>
<tr><td rowspan="2">方法能力</td><td>学习方法能力</td><td colspan="2">自主学习能力强，学习方法正确</td><td>5</td><td></td><td></td><td></td><td></td></tr>
<tr><td>解决问题能力</td><td colspan="2">解决问题方法正确，措施得当</td><td>5</td><td></td><td></td><td></td><td></td></tr>
<tr><td colspan="2" rowspan="5">专业能力</td><td>安全、文明操作能力</td><td colspan="2">劳动保护用品穿戴整齐，劳动纪律贯彻严格，“6S”管理开展有序</td><td>15</td><td></td><td></td><td></td><td></td></tr>
<tr><td>工艺文件识读能力</td><td colspan="2">正确识读焊缝返修通知单，明确缺陷位置及性质</td><td>10</td><td></td><td></td><td></td><td></td></tr>
<tr><td>工艺分析能力</td><td colspan="2">正确制定返修工艺</td><td>10</td><td></td><td></td><td></td><td></td></tr>
<tr><td>焊后检验能力</td><td colspan="2">检验工具使用熟练，检验结果记录科学，检验表格填写规范</td><td>20</td><td></td><td></td><td></td><td></td></tr>
<tr><td>焊后返修能力</td><td colspan="2">返修措施执行到位，返修质量符合要求，返修结果记录完整</td><td>25</td><td></td><td></td><td></td><td></td></tr>
<tr><td colspan="2">指导教师综合评价</td><td colspan="8">得分总计：

指导教师签名：　　　　　　日期：</td></tr>
</table>

学习活动6　总结与评价

学习目标

1. 通过对整个工作过程的叙述，培养良好的沟通及表达能力。

2. 通过成果展示，培养良好的专业能力、社会能力和方法能力。

3. 反思工作过程中存在的不足，为今后的工作积累经验。

学习活动描述

对整个工作进行总结并展示自己的工作成果，提高表达能力和综合素质。同时通过学习活动认识到自己在完成学习任务中的缺点和不足，为今后改进和成长提供帮助。

子活动与建议学时

子活动1　工作总结　　4学时

子活动2　学习任务评价　　4学时

学习准备

资料与材料：工作页、技术标准、焊接工艺文件、专业书籍等。

设备与工具：多媒体教学设备等。

子活动1　工 作 总 结

在完成桁架焊接的整个过程中，有个人知识的增长和技能的提升，也有交流能力、团队精神等方面的培养。总结学习过程中的得失，展示真实的自我。

学习过程

1．小组组员制作PPT，汇报本组工作收获及创新工作情况，在以下空白处写出具体汇报内容。

2．结合各小组汇报展示情况，各组反思学习任务完成情况，填写表 2–6–1。

表 2–6–1　　学习任务完成情况

内容名称	做得好的方面	存在问题及分析	解决方法	备注
明确工作任务				
技能准备				
制订计划				
任务实施				
焊接质量检验与返修				
小组总结				

3．每位同学写一份工作总结，字数不少于 300 字。

子活动 2　学习任务评价

桁架焊接学习任务包含明确工作任务、技能准备、制订计划、任务实施、焊接质量检验与返修等学习活动。通过学习任务评价可以反映个人学习目标的达成情况，促进个人综合职业能力的提高。

学习过程

完成学习任务评价，见表 2–6–2。

表 2–6–2　　学习任务评价

<table>
<tr><td colspan="2">学习活动名称</td><td></td><td>小组名称</td><td></td><td>组员姓名</td><td colspan="4"></td></tr>
<tr><td colspan="2" rowspan="3">评价项目</td><td rowspan="3">评价内容</td><td colspan="2" rowspan="3">评价标准</td><td rowspan="3">分值</td><td colspan="3">评价方式</td><td rowspan="3">得分小计</td></tr>
<tr><td>自我评价</td><td>小组评价</td><td>教师评价</td></tr>
<tr><td>10%</td><td>40%</td><td>50%</td></tr>
<tr><td rowspan="4">关键能力</td><td rowspan="2">社会能力</td><td>团队协作能力</td><td colspan="2">团队合作意识强，有效发挥个人作用</td><td>10</td><td></td><td></td><td></td><td></td></tr>
<tr><td>沟通表达能力</td><td colspan="2">沟通能力强，表达准确、规范</td><td>10</td><td></td><td></td><td></td><td></td></tr>
<tr><td rowspan="2">方法能力</td><td>学习方法能力</td><td colspan="2">自主学习能力强，学习方法正确</td><td>10</td><td></td><td></td><td></td><td></td></tr>
<tr><td>解决问题能力</td><td colspan="2">解决问题方法正确，措施得当</td><td>10</td><td></td><td></td><td></td><td></td></tr>
<tr><td colspan="2" rowspan="4">专业能力</td><td>工艺文件识读能力</td><td colspan="2">关键信息提取准确，技术要求理解全面</td><td>15</td><td></td><td></td><td></td><td></td></tr>
<tr><td>焊接基础技能</td><td colspan="2">熟练掌握 CO_2 气体保护焊 T 形接头平角焊、立角焊操作要领</td><td>15</td><td></td><td></td><td></td><td></td></tr>
<tr><td>桁架焊接质量</td><td colspan="2">总体尺寸、焊缝质量符合技术要求</td><td>15</td><td></td><td></td><td></td><td></td></tr>
<tr><td>检验与返修能力</td><td colspan="2">检验方法科学，检验结果准确，返修质量符合要求</td><td>15</td><td></td><td></td><td></td><td></td></tr>
<tr><td colspan="2">指导教师综合评价</td><td colspan="8">得分总计：

指导教师签名：　　　　　　　　日期：</td></tr>
</table>

学习任务三　牛 腿 焊 接

学习目标

1. 能根据焊接作业环境需要，选择、穿戴并维护个人防护装备。

2. 能读懂生产任务单、牛腿图样和焊接工艺文件，明确工作任务、技术要求和质量标准。

3. 能通过技术交底和有效沟通，明确牛腿的焊接方法、焊接顺序、质量控制关键点、特殊要求、质量检查方法等，并确定相应的预防和控制措施。

4. 能根据焊接工艺文件核对焊接材料的型号、规格、数量，并按要求烘干、保温、保管。

5. 能根据焊接工艺文件完成焊前准备工作，并确认作业场地和周围环境达到劳动安全与职业健康要求。

6. 能根据图样和焊接工艺文件确认装配质量符合要求、预防措施到位。

7. 能按要求使用设备和工具，严格执行焊接工艺文件，运用多种位置焊接操作技能，完成焊接作业，焊接过程中能采取有效措施预防及减少焊接缺陷。

8. 能按照焊接工艺文件要求正确进行焊后后热、保温、缓冷。

9. 能按要求进行焊接接头的清理、自检、表面缺陷修复；能依据焊缝返修通知单和返修工艺文件进行焊接缺陷定位、清理及返修；能填写自检记录表。

10. 能与相关人员进行有效沟通，获取解决问题的方法和措施，解决工作过程中的常见问题。

11. 能对设备和工具等进行日常维护及保养。

建议学时

80 学时

工作情景描述

某车间现需制作一根牛腿（梁托）（见图 3–1），材料为 Q235 钢，需要保证牛腿焊后的外形尺寸，要求焊工班组完成此结构件的生产任务，工时为 16 h。

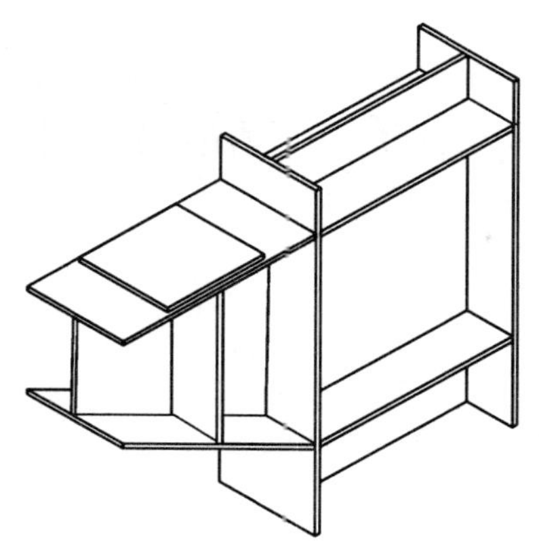

图 3-1　牛腿模型

工作流程与活动

学习活动 1　明确工作任务

学习活动 2　技能准备

学习活动 3　制订计划

学习活动 4　任务实施

学习活动 5　焊接质量检验与返修

学习活动 6　总结与评价

学习活动 1　明确工作任务

学习目标

1. 能通过生产任务单，准确概括、复述任务内容及要求。
2. 能正确识读牛腿的图样和技术要求。
3. 能完整描述焊接牛腿所用材料的牌号、性能、焊接性。
4. 能根据图样要求，明确图上标注的焊缝符号及其含义。

学习活动描述

通过识读牛腿焊接工艺文件，了解牛腿焊接材料、规格、方法、技术要求以及牛腿的结构特点和应用，明确牛腿焊接的任务及要求。

子活动与建议学时

子活动 1　牛腿焊接工艺文件识读　　3 学时
子活动 2　牛腿认知　　2 学时
子活动 3　学习活动评价　　1 学时

学习准备

资料与材料：工作页、技术标准、焊接工艺文件、专业书籍、钢板等。
设备与工具：多媒体教学设备等。

子活动 1　牛腿焊接工艺文件识读

牛腿焊接工艺文件包括生产任务单、图样、焊接工艺卡等，内容涉及任务要求、生产设备、焊接方法、焊接参数、施工人员资质等。

学习过程

一、领取焊接工艺文件

1．生产任务单

仔细阅读生产任务单（见表 3–1–1），按照生产任务单提供的基本信息，查阅相关资料，明确工作任务的内容和要求。

表 3–1–1　　　　　　　　　　　　生产任务单

单　　号：________________　　　　开单时间：______年____月____日____时
开单部门：________________　　　　开 单 人：________________
接 单 人：________________　　　　签　　名：________________

<table>
<tr><td colspan="2">产品名称</td><td>材料</td><td>数量</td><td colspan="2">技术标准、质量要求</td></tr>
<tr><td colspan="2">牛腿</td><td>Q235 钢</td><td>1</td><td colspan="2">按图样要求</td></tr>
<tr><td colspan="2">任务细则</td><td colspan="4">1．到仓库领取相应的材料
2．根据现场情况选用合适的工具、量具和设备
3．根据加工工艺进行加工，交付检验
4．填写生产任务单，清理工作场地，完成工具、量具和设备的维护及保养</td></tr>
<tr><td colspan="2">任务类型</td><td colspan="2">焊接加工</td><td>完成工时</td><td>16 h</td></tr>
<tr><td>领取材料</td><td colspan="3">Q235 钢板（板厚为 10 mm）13 块</td><td colspan="2" rowspan="2">仓库管理员（签名）

年　月　日</td></tr>
<tr><td>领取设备及工具、量具</td><td colspan="3">1．焊条、焊丝、焊接防护面罩、角向磨光机
2．辅助工具：焊接护目镜、通针、活扳手、钢丝钳、点火枪、氧气胶管、可燃气体胶管、钢丝刷、焊接检验尺、直角尺、钢直尺、划针、石笔、锤子、錾子
3．氧气瓶、乙炔瓶、焊条电弧焊设备、CO_2 气体保护焊设备</td></tr>
<tr><td>完成质量（小组评价）</td><td colspan="3"></td><td colspan="2">班组长（签名）

年　月　日</td></tr>
<tr><td>用户意见（教师评价）</td><td colspan="3"></td><td colspan="2">用户（签名）

年　月　日</td></tr>
<tr><td>改进措施（反馈改良）</td><td colspan="5"></td></tr>
</table>

注：生产任务单与零件图样、焊接工艺卡一同领取。

2．图样

牛腿结构尺寸图如图 3–1–1 所示，牛腿焊缝布置图如图 3–1–2 所示。

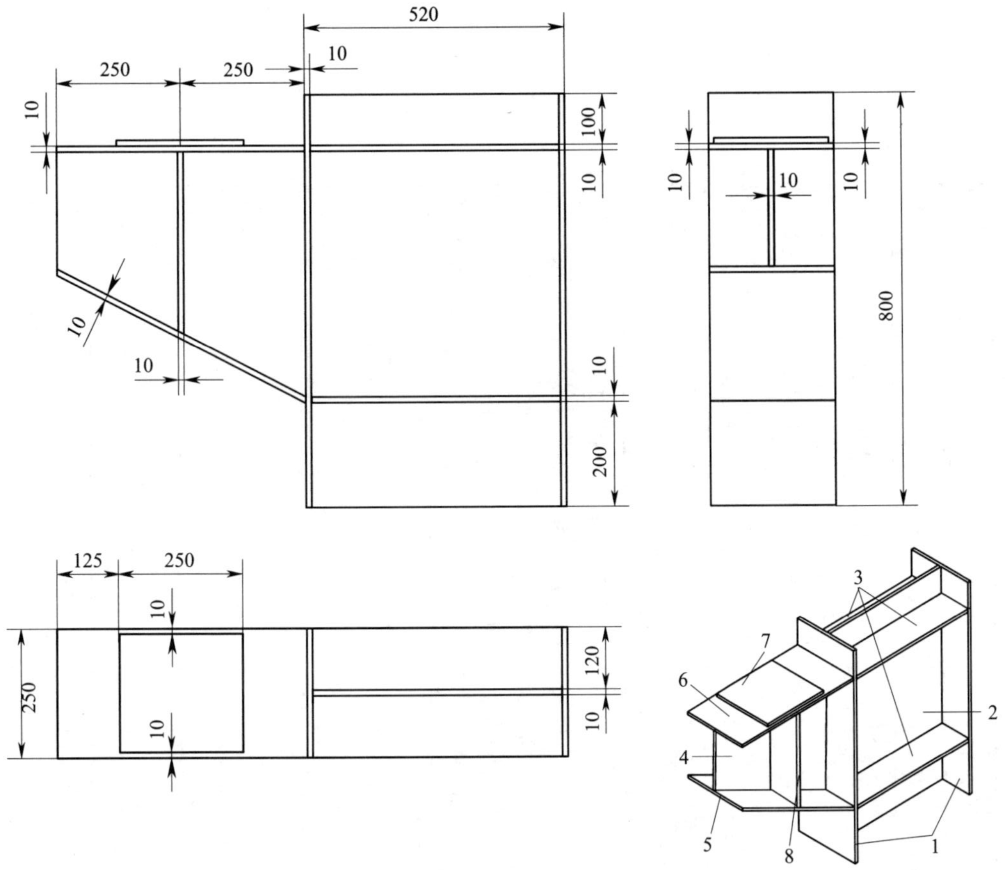

技术要求

1. 执行国家标准《钢结构焊接规范》（GB 50661—2011）和《钢结构工程施工质量验收标准》（GB 50205—2020）。
2. 焊后清理焊渣、飞溅物等，不得破坏焊缝原始表面。

序号	名称	规格	数量
8	钢板	358×120×10	2
7	钢板	230×250×10	1
6	钢板	250×500×10	1
5	钢板	553×250×10	1
4	钢板	上底240× 下底480×高500	直角梯形 特制件
3	钢板	120×500×10	4
2	钢板	800×500×10	1
1	钢板	800×250×10	2

牛腿		材料	Q235	比例	
		数量	1	图号	
制图		（日期）	（单位）		
审核		（日期）			

图 3-1-1　牛腿结构尺寸图

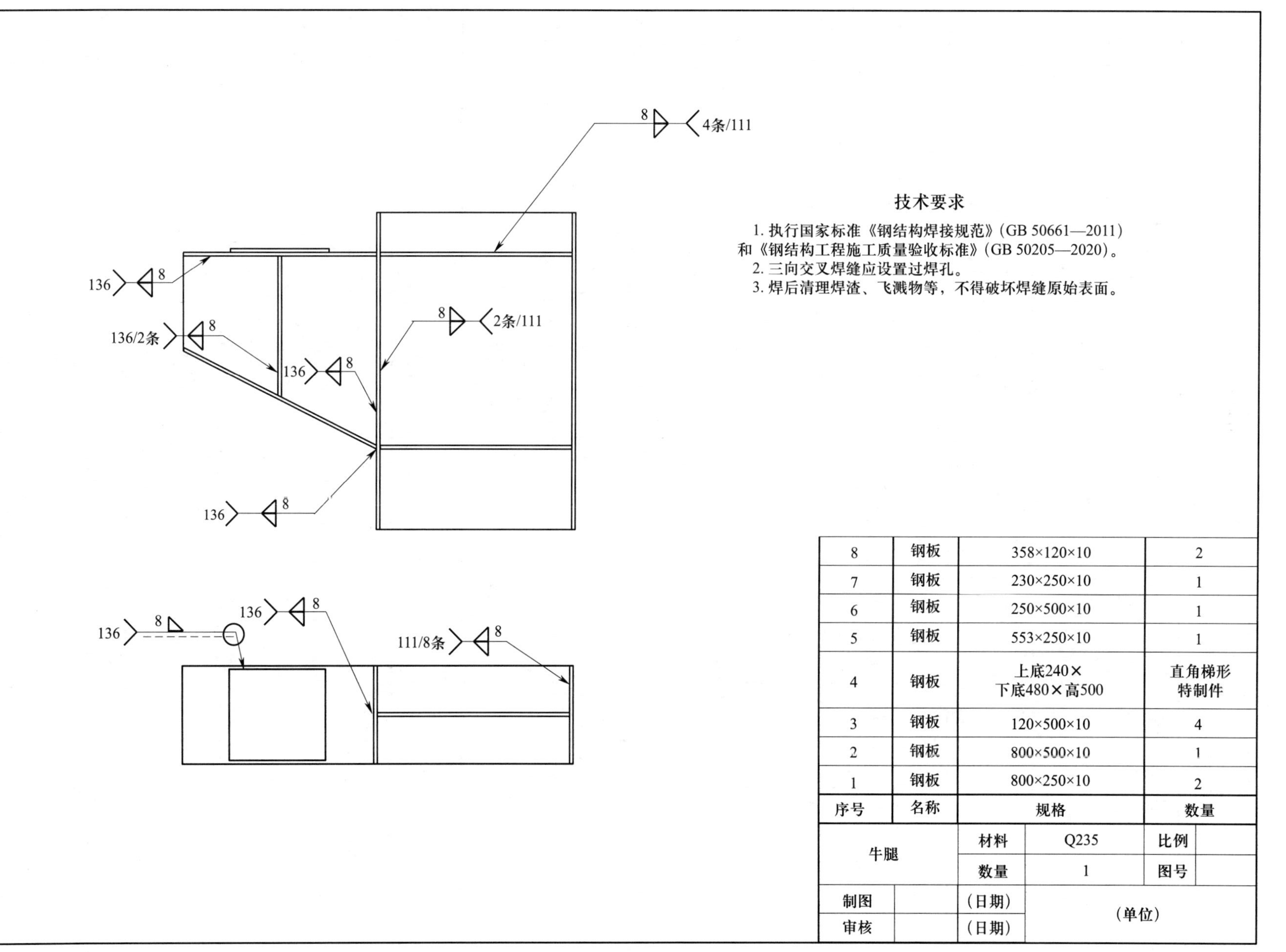

序号	名称	规格	数量
8	钢板	358×120×10	2
7	钢板	230×250×10	1
6	钢板	250×500×10	1
5	钢板	553×250×10	1
4	钢板	上底240× 下底480×高500	直角梯形 特制件
3	钢板	120×500×10	4
2	钢板	800×500×10	1
1	钢板	800×250×10	2

牛腿		材料	Q235	比例	
		数量	1	图号	
制图		(日期)	(单位)		
审核		(日期)			

图 3-1-2　牛腿焊缝布置图

3．焊接工艺卡（见表 3–1–2 ~ 表 3–1–4）

表 3–1–2　　焊接工艺卡（1）

<table>
<tr><td>工程名称</td><td colspan="3">牛腿 T 形接头平角焊</td><td>工艺卡编号</td><td colspan="3">01</td></tr>
<tr><td>材料</td><td>Q235 钢</td><td>规格</td><td>板厚为 10 mm</td><td>焊接方法</td><td>药芯焊丝 CO_2 气体保护焊</td><td>焊工资格</td><td>特种作业操作证</td></tr>
<tr><td>焊评编号</td><td colspan="2">无</td><td>外观检验</td><td colspan="2">按照国家标准《钢结构工程施工质量验收标准》（GB 50205—2020），采用外观检验，检验比例为 100%</td><td>合格等级</td><td>Ⅱ级</td></tr>
<tr><td>适用范围</td><td colspan="7">低碳钢板 T 形接头平角焊焊缝</td></tr>
<tr><td>焊接层次</td><td>焊接电流 /A</td><td>电弧电压 /V</td><td>CO_2 气体流量 /（L/min）</td><td>焊接材料</td><td>焊丝直径 /mm</td><td colspan="2">焊丝伸出长度 /mm</td></tr>
<tr><td>1</td><td>150 ~ 170</td><td rowspan="2">22 ~ 24</td><td rowspan="2">17 ~ 18</td><td rowspan="2">E501T–1</td><td rowspan="2">1.2</td><td rowspan="2" colspan="2">15 ~ 20</td></tr>
<tr><td>2</td><td>150 ~ 170</td></tr>
<tr><td>接头及坡口形式</td><td colspan="3">10
10
1 2 3 1 2 3</td><td>焊接技术要求</td><td colspan="3">1. 在坡口及坡口边缘内、外侧各 20 mm 范围内，清除油污、锈蚀、氧化皮，直至露出金属光泽
2. 焊缝外观不允许有裂纹、未熔合、焊瘤、气孔、夹渣等任何缺陷
3. 焊接过程中，焊件不准改变焊接位置
4. 焊接完毕，应认真清理钢板表面的焊渣、飞溅物，不能破坏焊缝的原始表面
5. 尺寸符合图样要求</td></tr>
</table>

表 3–1–3　　焊接工艺卡（2）

<table>
<tr><td>工程名称</td><td colspan="3">牛腿 T 形接头立角焊</td><td>工艺卡编号</td><td colspan="3">02</td></tr>
<tr><td>材 料</td><td>Q235 钢</td><td>规 格</td><td>板厚为 10 mm</td><td>焊接方法</td><td>药芯焊丝 CO_2 气体保护焊</td><td>焊工资格</td><td>特种作业操作证</td></tr>
<tr><td>焊评编号</td><td colspan="2">无</td><td>外观检验</td><td colspan="2">按照国家标准《钢结构工程施工质量验收标准》（GB 50205—2020），采用外观检验，检验比例为 100%</td><td>合格等级</td><td>Ⅱ级</td></tr>
<tr><td>适用范围</td><td colspan="7">低碳钢板 T 形接头立角焊焊缝</td></tr>
<tr><td>焊接层次</td><td>焊接电流 /A</td><td>电弧电压 /V</td><td>CO_2 气体流量 /（L/min）</td><td>焊接材料</td><td>焊丝直径 /mm</td><td colspan="2">焊丝伸出长度 /mm</td></tr>
<tr><td>1</td><td>120 ~ 140</td><td rowspan="2">22 ~ 24</td><td rowspan="2">17 ~ 18</td><td rowspan="2">E501T–1</td><td rowspan="2">1.2</td><td rowspan="2" colspan="2">15 ~ 20</td></tr>
<tr><td>2</td><td>120 ~ 140</td></tr>
</table>

续表

接头及坡口形式	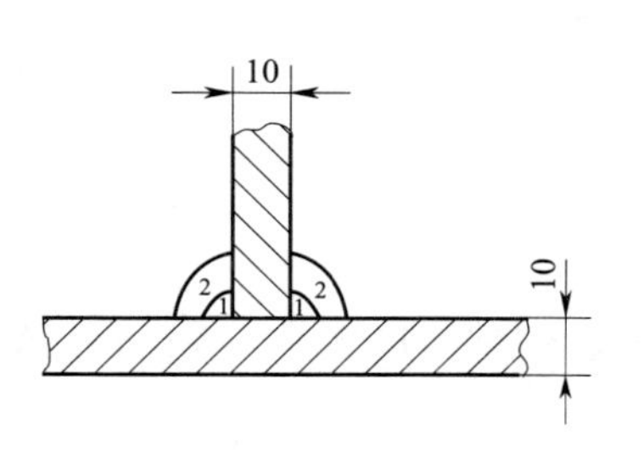	焊接技术要求	1. 在坡口及坡口边缘内、外侧各 20 mm 范围内，清除油污、锈蚀、氧化皮，直至露出金属光泽 2. 焊缝外观不允许有裂纹、未熔合、焊瘤、气孔、夹渣等任何缺陷 3. 焊接过程中，焊件不准改变焊接位置 4. 焊接完毕，应认真清理钢板表面的焊渣、飞溅物，不能破坏焊缝的原始表面 5. 尺寸符合图样要求

表 3-1-4 焊接工艺卡（3）

<table>
<tr><td>工程名称</td><td colspan="3">牛腿 T 形接头立角焊</td><td>工艺卡编号</td><td colspan="3">03</td></tr>
<tr><td>材料</td><td>Q235 钢</td><td>规 格</td><td>板厚为 10 mm</td><td>焊接方法</td><td>焊条电弧焊</td><td>焊工资格</td><td>特种作业操作证</td></tr>
<tr><td>焊评编号</td><td colspan="2">无</td><td>外观检验</td><td colspan="2">按照国家标准《钢结构工程施工质量验收标准》（GB 50205—2020），采用外观检验，检验比例为 100%</td><td>合格等级</td><td>Ⅱ级</td></tr>
<tr><td>适用范围</td><td colspan="7">低碳钢板 T 形接头立角焊焊缝</td></tr>
<tr><td>焊接层次</td><td>焊接电流 /A</td><td>电弧电压 /V</td><td>焊接材料</td><td>焊条直径 /mm</td><td>电源种类和极性</td></tr>
<tr><td>1</td><td>90 ~ 100</td><td rowspan="2">22 ~ 24</td><td rowspan="2">E5015</td><td rowspan="2">3.2</td><td rowspan="2">直流反接</td></tr>
<tr><td>2</td><td>90 ~ 110</td></tr>
<tr><td>接头及坡口形式</td><td colspan="3">10
2
2
1
1
10</td><td>焊接技术要求</td><td colspan="3">1. 在坡口及坡口边缘内、外侧各 20 mm 范围内，清除油污、锈蚀、氧化皮，直至露出金属光泽
2. 焊缝外观不允许有裂纹、未熔合、焊瘤、气孔、夹渣等任何缺陷
3. 焊接过程中，焊件不准改变焊接位置
4. 焊接完毕，应认真清理钢板表面的焊渣、飞溅物，不能破坏焊缝的原始表面
5. 尺寸符合图样要求</td></tr>
</table>

二、识读焊接工艺文件

生产任务单是由生产部门下达给焊工进行工作安排说明的单据，其中明确了工作内容、时间要求、相关责任人等信息，焊工在施工作业前，必须读懂生产任务单，准确获取该项工作的基本信息。

1．仔细阅读牛腿生产任务单，结合工作情景描述，简要叙述本工作任务的内容和要求。

2．小组讨论：生产任务单中的“仓库管理员签名”“班组长签名”“用户签名”各有什么作用？

3．通过生产任务单可以明确一项焊接任务的工作内容，但产品的具体尺寸、焊缝分布、焊接方法、焊接参数、质量要求等内容还没有明确交代，在实际工作中，焊工需借助图样和焊接工艺卡明确以上内容。识读牛腿图样和焊接工艺卡，完成以下问题：

（1）焊接一个完整的牛腿组合件需准备__________块钢板。

（2）牛腿焊后需进行________、____________的清理，不得破坏焊缝________________。

（3）焊接牛腿时采用____和____________________的焊接方法，所选用焊丝型号为__________________，焊丝直径为__________mm；焊条型号为______________，焊条直径为__________ mm。母材为__________钢，厚度为______________mm。

（4）焊缝符号 8▷<136 和 8▷<111 中，136 表示采用____，111 表示采用____________________，8 表示________________为 8 mm。◺表示焊缝为______________。

（5）牛腿的焊接执行《____________________________________》（GB 50661—2011）；牛腿的验收执行《______________________________________》（GB 50205—2020）。

（6）焊缝外观不允许有_______________、___________________、_______________、_______________、________________等缺陷。

4．思考：焊接工艺卡中提供的焊接参数是一个区间范围，是否意味着在实际焊接中可以在该区间中任意选择一个焊接参数进行焊接？小组讨论并记录讨论结果。

子活动 2　牛 腿 认 知

牛腿结构在房屋结构和各类建筑中应用广泛，是一种典型的承载结构。本活动主要以钢牛腿作为研究对象。

学习过程

一、牛腿概述

吊车梁与立柱有一个连接点，这个连接点需要受力，为了满足其受力的要求，通常都把它做得足够粗大、结实，人们形象地把这种结构叫作牛腿（见图 3–1–3），牛腿实际是一个梁托。

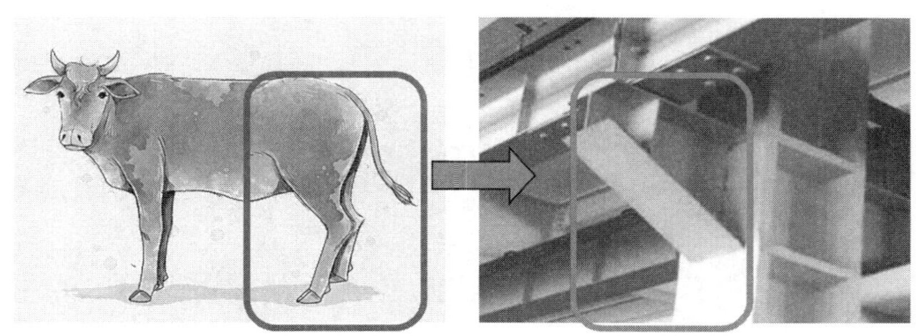

图 3–1–3　牛腿名称来源

二、牛腿的应用

1．根据建筑构造所用材料的不同，牛腿主要分为木牛腿、钢牛腿和混凝土牛腿，试辨认表 3–1–5 所列各牛腿分别采用什么材料制作而成。

表 3–1–5　不同材料制作的牛腿

图示			
所用材料			

2．分组收集实训场地及周边的牛腿结构件，每组收集三个以上案例，用PPT从结构、材料、功能角度展示其特点。

子活动 3　学习活动评价

根据学习活动 1 的学习过程，完成本学习活动评价，将评价结果填入表 3–1–6 中。

表 3–1–6　　学习活动评价

<table>
<tr><td colspan="2">学习活动名称</td><td></td><td>小组名称</td><td></td><td>组员姓名</td><td colspan="4"></td></tr>
<tr><td colspan="2" rowspan="3">评价项目</td><td rowspan="3">评价内容</td><td colspan="2" rowspan="3">评价标准</td><td rowspan="3">分值</td><td colspan="3">评价方式</td><td rowspan="3">得分小计</td></tr>
<tr><td>自我评价</td><td>小组评价</td><td>教师评价</td></tr>
<tr><td>10%</td><td>40%</td><td>50%</td></tr>
<tr><td rowspan="4">关键能力</td><td rowspan="2">社会能力</td><td>团队协作能力</td><td colspan="2">团队合作意识强，有效发挥个人作用</td><td>10</td><td></td><td></td><td></td><td></td></tr>
<tr><td>沟通表达能力</td><td colspan="2">沟通能力强，表达准确、规范</td><td>10</td><td></td><td></td><td></td><td></td></tr>
<tr><td rowspan="2">方法能力</td><td>学习方法能力</td><td colspan="2">自主学习能力强，学习方法正确</td><td>10</td><td></td><td></td><td></td><td></td></tr>
<tr><td>解决问题能力</td><td colspan="2">解决问题方法正确，措施得当</td><td>10</td><td></td><td></td><td></td><td></td></tr>
<tr><td colspan="2" rowspan="2">专业能力</td><td>安全、文明操作能力</td><td colspan="2">劳动保护用品穿戴整齐，劳动纪律贯彻严格，“6S”管理开展有序</td><td>15</td><td></td><td></td><td></td><td></td></tr>
<tr><td>工艺文件识读能力</td><td colspan="2">充分明确任务内容、技术要求、质量要求，正确描述材料牌号、性能、焊接性，及时完成工作页有关习题</td><td>45</td><td></td><td></td><td></td><td></td></tr>
<tr><td colspan="2">指导教师综合评价</td><td colspan="8">得分总计：

指导教师签名：　　　　日期：</td></tr>
</table>

学习活动2 技能准备

学习目标

1. 能理解药芯焊丝 CO_2 气体保护焊的工作原理、特点与应用，根据药芯焊丝 CO_2 气体保护焊、焊条电弧焊工艺选择焊接参数。

2. 能根据药芯焊丝 CO_2 气体保护焊、焊条电弧焊的特点完成焊前准备工作，并确认作业场地与周围环境达到劳动安全和职业健康要求。

3. 能按要求使用设备和工具，严格执行焊接工艺文件，采用药芯焊丝 CO_2 气体保护焊和焊条电弧焊的方法完成低碳钢板 T 形接头平角焊与立角焊焊缝的焊接。焊接过程中能采取有效措施预防及减少焊接缺陷、焊接变形和焊接应力。

4. 能按要求进行焊接接头的清理、自检。

5. 能对焊接设备和工具等进行日常维护及保养。

学习活动描述

在桁架焊接学习任务中已进行了实心焊丝 CO_2 气体保护焊低碳钢板平位和立位角焊缝的焊接技能训练，已熟练掌握操作技能。本学习活动是在前期训练基础上针对药芯焊丝的工艺特点重新就低碳钢板 T 形接头平角焊和立角焊焊缝进行技能训练，目的是熟练掌握药芯焊丝 CO_2 气体保护焊的操作技能。

子活动与建议学时

子活动 1　药芯焊丝 CO_2 气体保护焊认知　　6 学时

子活动 2　药芯焊丝 CO_2 气体保护焊 T 形接头平角焊和立角焊　18 学时
子活动 3　焊条电弧焊 T 形接头立角焊　11 学时
子活动 4　学习活动评价　1 学时

学习准备

资料与材料：工作页、技术标准、焊接工艺文件、专业书籍、钢板、焊丝、CO_2 气体（纯度≥ 99.5%）、焊条等。

设备与工具：多媒体教学设备、CO_2 气体保护焊设备、焊条电弧焊设备、焊接辅助工具和夹具、通风及除尘设备等。

子活动 1　药芯焊丝 CO_2 气体保护焊认知

由于药芯焊丝与实心焊丝结构的差异，药芯焊丝 CO_2 气体保护焊与实心焊丝 CO_2 气体保护焊的焊接工艺稍有差异。了解这些差异有助于提高对药芯焊丝 CO_2 气体保护焊操作要领的适应性，以及明确焊接过程中的注意事项。

学习过程

一、认识药芯焊丝 CO_2 气体保护焊

1．药芯焊丝 CO_2 气体保护焊的工作原理与实心焊丝 CO_2 气体保护焊相同，主要区别在于前者的焊丝内部装有药粉。小组讨论，以查阅资料、头脑风暴的方式，从焊前、焊接过程中、焊后三个阶段讨论药芯焊丝 CO_2 气体保护焊与实心焊丝 CO_2 气体保护焊的差异，并将讨论结果记录下来。

2．人们在生产实践中常常发现药芯焊丝比实心焊丝更容易生锈，为避免药芯焊丝生锈，可以采取哪些方法?

3．使用药芯焊丝焊接过程中会比用实心焊丝焊接产生更多的粉尘，在焊前及焊接过程中要采取哪些防护措施?

4．药芯焊丝具有不同的结构类型，说出图 3-2-1 所示各截面的药芯焊丝分别属于什么结构。

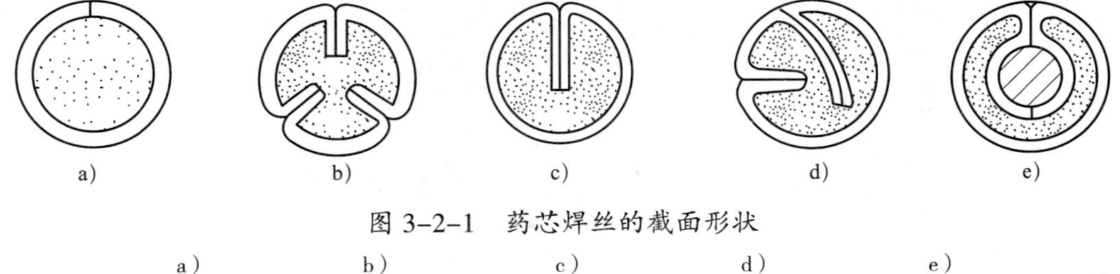

图 3-2-1 药芯焊丝的截面形状

a)__________ b)__________ c)__________ d)__________ e)__________

5．仔细观察图 3-2-2 所示各种焊接方法在不同焊接位置下熔敷速度的对比，能得出什么结论？小组讨论后派代表阐述。

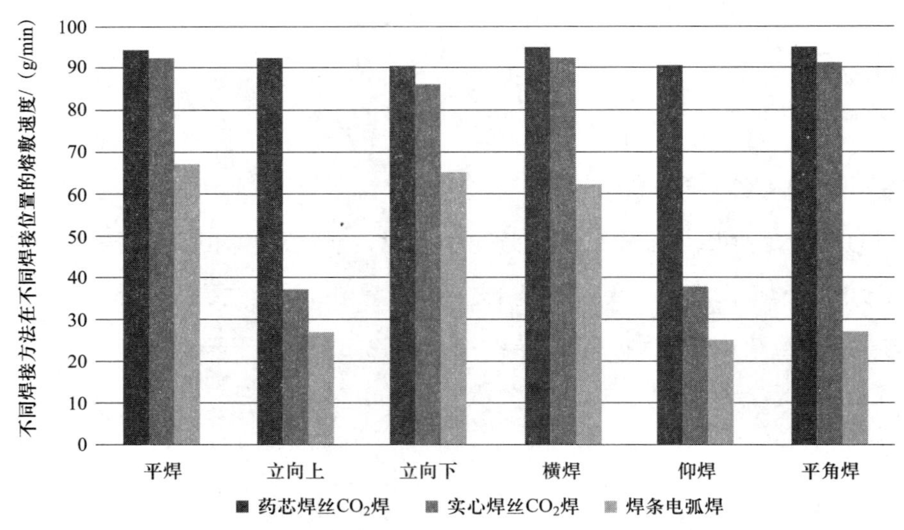

图 3-2-2 各种焊接方法在不同焊接位置下熔敷速度的对比

6．试列举药芯焊丝 CO_2 气体保护焊的主要焊接参数。

7．药芯焊丝 CO_2 气体保护焊采用药芯进行熔池保护，查阅资料后回答药芯是通过哪几方面进行熔池保护的。

二、药芯焊丝 CO_2 气体保护焊设备组成

药芯焊丝 CO_2 气体保护焊设备与实心焊丝 CO_2 气体保护焊设备组成基本一致（见图 3-2-3），焊接电源有逆变式和整流式两种。生产中应用比较多的是整流式电源，其中包括变换抽头式硅整流电源、晶闸管式电源、逆变式电源等。

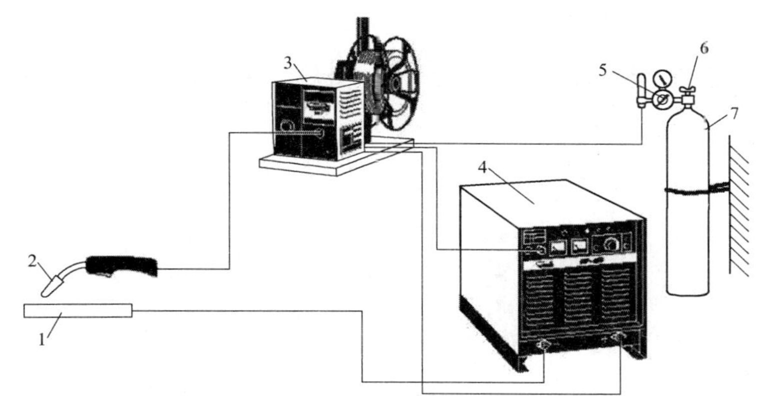

图 3-2-3　药芯焊丝 CO_2 气体保护焊设备组成

1—焊件　2—焊枪　3—送丝机　4—焊接电源　5—气体流量调节器　6—瓶阀　7—气瓶

1．供气系统包括气瓶、预热器、减压器、干燥器、流量计和电磁气阀，观察图 3-2-4，写出供气系统各部件的名称。

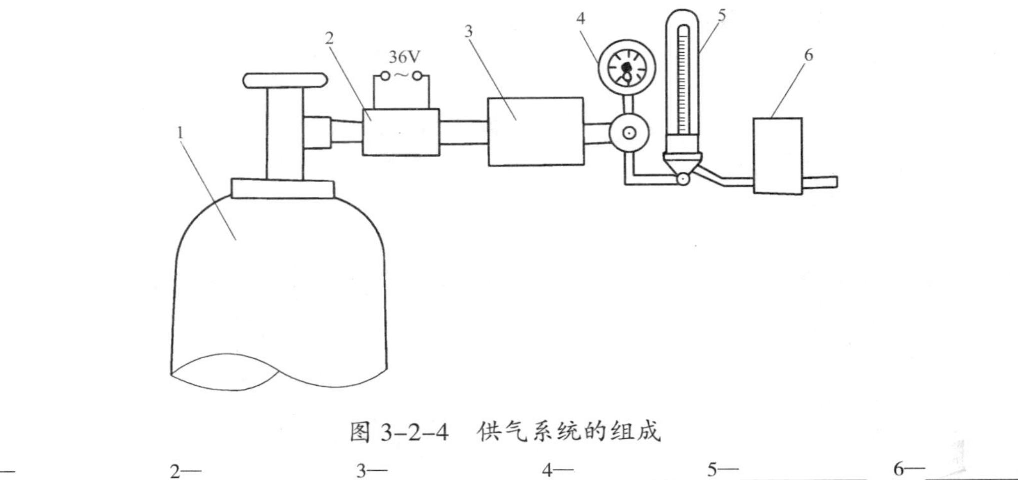

图 3-2-4　供气系统的组成

1—__________　2—__________　3—__________　4—__________　5—__________　6—__________

2．焊枪按其应用方式不同分为半自动焊枪和自动焊枪；按照送丝方式不同分为推丝式焊枪和拉丝式焊枪；按照冷却方式不同可分为空冷式焊枪和水冷式焊枪。观察教师装配焊枪的过程，在图 3-2-5 中填写各部件的名称。

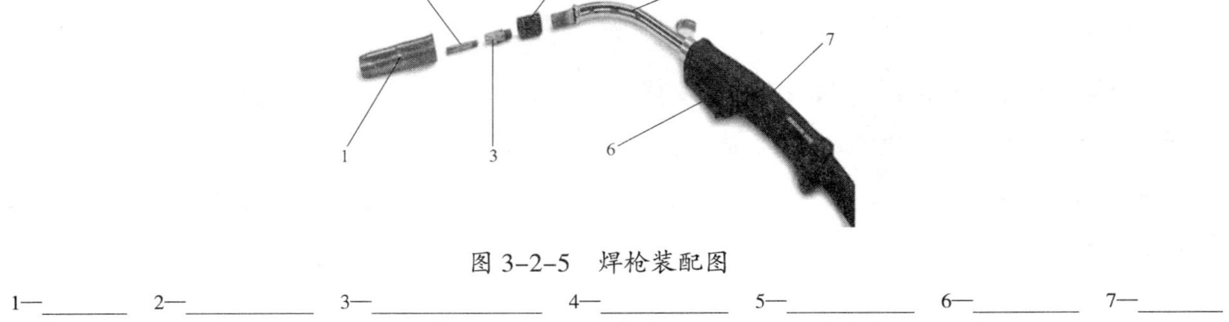

图 3-2-5　焊枪装配图

1—________　2—__________　3—__________　4—__________　5—__________　6—__________　7—________

3．由于药芯焊丝比实心焊丝更软，在送丝系统中，药芯焊丝与实心焊丝的送丝滚轮有所差异，试分辨出图 3-2-6 中分别是哪种焊丝的送丝滚轮。

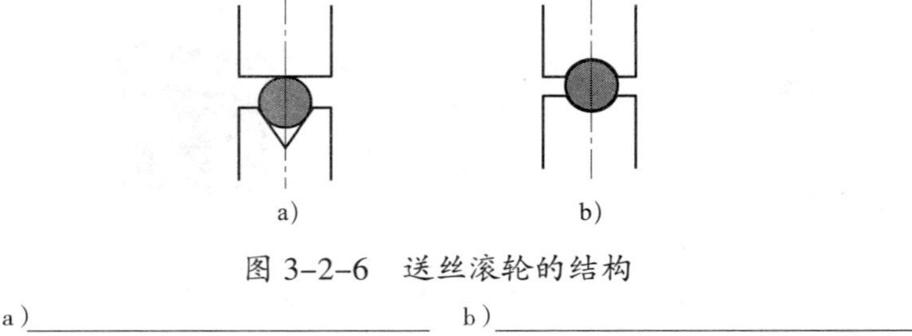

图 3-2-6　送丝滚轮的结构

a）__________________________　b）__________________________

4．填空题

（1）送丝软管用于将焊丝从送丝机导向焊枪，它分为两种类型，一种是送丝、送气和导电三者分开的__________________；另一种是三者合为一体的____________________。

（2）喷嘴的作用是向焊接区域输送________________，导电嘴直接向焊丝传导________。

子活动 2　药芯焊丝 CO_2 气体保护焊 T 形接头平角焊和立角焊

本活动进行药芯焊丝 CO_2 气体保护焊 T 形接头平角焊与立角焊的训练。药芯焊丝 CO_2 气体保护焊操作要领与实心焊丝差异不大，训练时应着重体会药芯焊丝与实心焊丝焊接性的差异，提高焊接质量。

学习过程

一、焊件图和焊接工艺卡

1．焊件图（见图 3–2–7 和图 3–2–8）

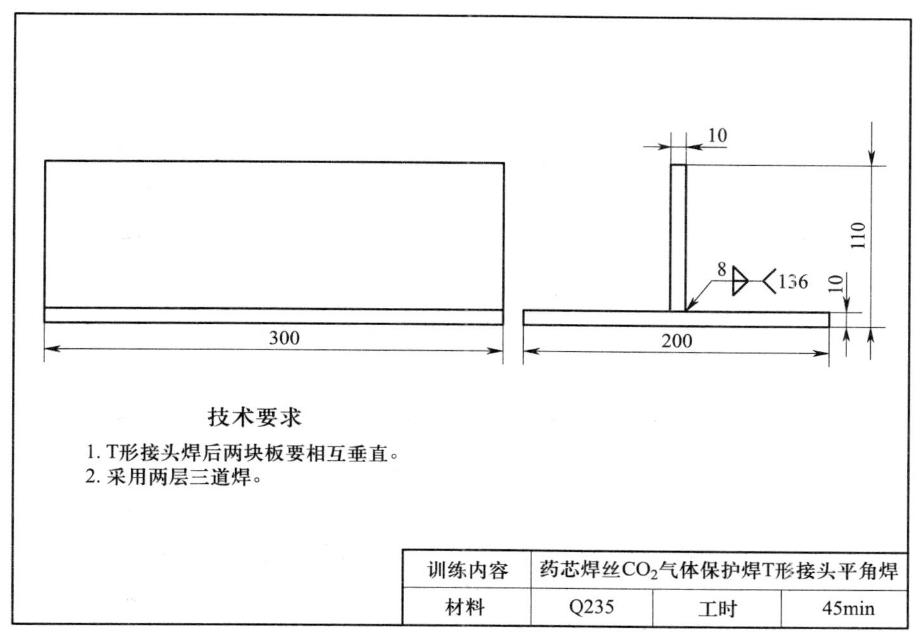

图 3–2–7　药芯焊丝 CO_2 气体保护焊 T 形接头平角焊焊件图

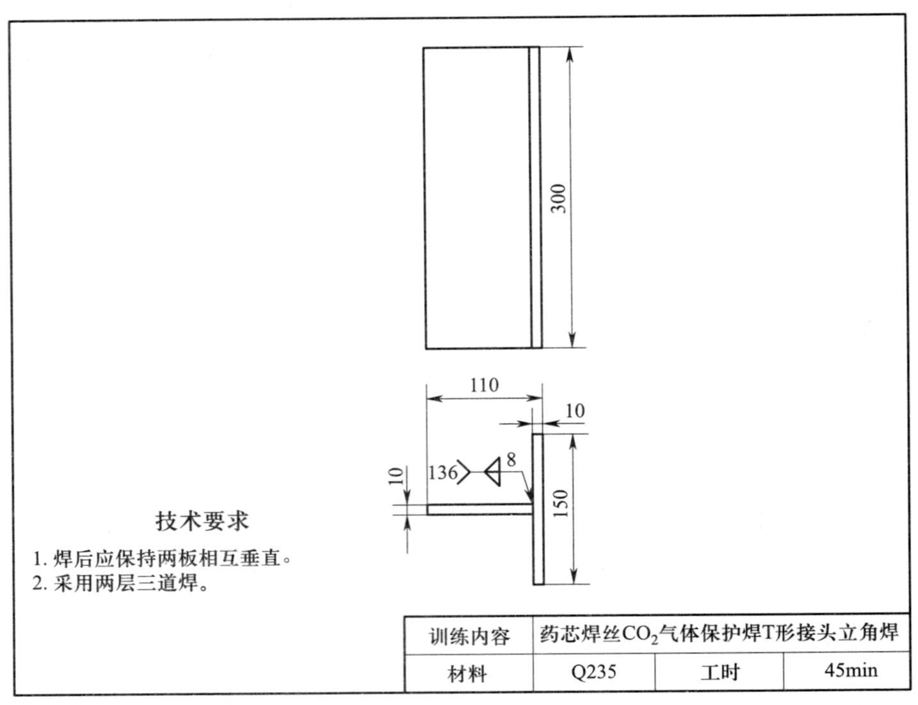

图 3-2-8　药芯焊丝 CO_2 气体保护焊 T 形接头立角焊焊件图

2．焊接工艺卡（见表 3-2-1 和表 3-2-2）

表 3-2-1　　焊接工艺卡（1）

<table>
<tr><td>工程名称</td><td colspan="4">牛腿 T 形接头平角焊</td><td colspan="2">工艺卡编号</td><td colspan="3">01</td></tr>
<tr><td>材料</td><td>Q235 钢</td><td>规 格</td><td colspan="2">板厚为 10 mm</td><td colspan="2">焊接方法</td><td>药芯焊丝 CO_2 气体保护焊</td><td>焊工资格</td><td>特种作业操作证</td></tr>
<tr><td>焊评编号</td><td colspan="2">无</td><td colspan="2">外观检验</td><td colspan="3">按照国家标准《钢结构工程施工质量验收标准》（GB 50205—2020），采用外观检验，检验比例为 100%</td><td>合格等级</td><td>Ⅱ级</td></tr>
<tr><td>适用范围</td><td colspan="9">低碳钢板 T 形接头平角焊焊缝</td></tr>
<tr><td>焊接层次</td><td>焊接电流 / A</td><td colspan="2">电弧电压 / V</td><td>CO_2 气体流量 /（L/min）</td><td colspan="2">焊接材料</td><td>焊丝直径 / mm</td><td colspan="2">焊丝伸出长度 / mm</td></tr>
<tr><td>1</td><td>150 ~ 170</td><td colspan="2" rowspan="2">22 ~ 24</td><td rowspan="2">17 ~ 18</td><td colspan="2" rowspan="2">E501T-1</td><td rowspan="2">1.2</td><td colspan="2" rowspan="2">15 ~ 20</td></tr>
<tr><td>2</td><td>150 ~ 170</td></tr>
<tr><td>接头及坡口形式</td><td colspan="4">10
3　3
2　2
10</td><td>焊接技术要求</td><td colspan="4">1. 在坡口及坡口边缘内、外侧各 20 mm 范围内，清除油污、锈蚀、氧化皮，直至露出金属光泽
2. 焊缝外观不允许有裂纹、未熔合、焊瘤、气孔、夹渣等任何缺陷
3. 焊接过程中，焊件不准改变焊接位置
4. 焊接完毕，应认真清理钢板表面的焊渣、飞溅物，不能破坏焊缝的原始表面
5. 尺寸符合图样要求</td></tr>
</table>

表 3-2-2　　焊接工艺卡（2）

<table>
<tr><td>工程名称</td><td colspan="3">牛腿 T 形接头立角焊</td><td colspan="2">工艺卡编号</td><td colspan="3">02</td></tr>
<tr><td>材料</td><td>Q235 钢</td><td>规 格</td><td>板厚为 10 mm</td><td colspan="2">焊接方法</td><td>药芯焊丝 CO_2 气体保护焊</td><td>焊工资格</td><td>特种作业操作证</td></tr>
<tr><td>焊评编号</td><td colspan="2">无</td><td>外观检验</td><td colspan="3">按照国家标准《钢结构工程施工质量验收标准》（GB 50205—2020），采用外观检验，检验比例为 100%</td><td>合格等级</td><td>Ⅱ级</td></tr>
<tr><td>适用范围</td><td colspan="8">低碳钢板 T 形接头立角焊焊缝</td></tr>
<tr><td>焊接层次</td><td>焊接电流 / A</td><td>电弧电压 / V</td><td>CO_2 气体流量 /（L/min）</td><td colspan="2">焊接材料</td><td>焊丝直径 / mm</td><td colspan="2">焊丝伸出长度 / mm</td></tr>
<tr><td>1</td><td>120 ~ 140</td><td rowspan="2">22 ~ 24</td><td rowspan="2">17 ~ 18</td><td colspan="2" rowspan="2">E501T-1</td><td rowspan="2">1.2</td><td colspan="2" rowspan="2">15 ~ 20</td></tr>
<tr><td>2</td><td>120 ~ 140</td></tr>
<tr><td>接头及坡口形式</td><td colspan="3"></td><td>焊接技术要求</td><td colspan="4">1. 在坡口及坡口边缘内、外侧各 20 mm 范围内，清除油污、锈蚀、氧化皮，直至露出金属光泽
2. 焊缝外观不允许有裂纹、未熔合、焊瘤、气孔、夹渣等任何缺陷
3. 焊接过程中，焊件不准改变焊接位置
4. 焊接完毕，应认真清理钢板表面的焊渣、飞溅物，不能破坏焊缝的原始表面
5. 尺寸符合图样要求</td></tr>
</table>

二、焊前准备

1．设备、工具、焊件、焊接材料准备

（1）选用______________型 CO_2 气体保护焊焊机。

（2）药芯焊丝牌号为________________，直径为______________mm。

（3）气体：CO_2 气体的纯度不小于_____________。

（4）焊件：______________低碳钢板，厚度为______________mm，用剪板机或气割下料。

（5）常用辅助工具和量具包括____等。

2．焊前装配定位

（1）用角向磨光机将母材两侧坡口面及坡口边缘______________mm 内的______________________清除干净，使之露出________________。

（2）定位焊缝长度为________________mm，要求定位焊缝焊接质量与正式焊缝相同。

三、药芯焊丝 CO_2 气体保护焊 T 形接头平角焊操作训练

1．观看教师操作、讲解及微课视频，总结药芯焊丝 CO_2 气体保护焊 T 形接头平角焊操作要领。

2．根据焊接工艺卡选择焊接参数进行平角焊技能练习，并将练习过程中存在的问题及解决措施记录在表 3-2-3 中。

表 3-2-3　　药芯焊丝 CO_2 气体保护焊 T 形接头平角焊操作中存在问题及解决措施

存在问题	解决措施

3．焊接操作训练完成后，各小组分工合作，针对每名组员任务完成情况进行评价，将评价结果填入表 3–2–4 中。

表 3–2–4　　　药芯焊丝 CO_2 气体保护焊 T 形接头平角焊任务完成情况评分表

小组名称：＿＿＿＿＿＿＿＿＿＿　　组员姓名：＿＿＿＿＿＿＿＿＿＿

序号	考核内容	考核要点	评分标准	配分	扣分	得分
1	焊接准备	焊机、工具的焊前准备	按要求执行得 5 分；否则不得分	5		
		正确使用焊机	按要求使用得 5 分；否则不得分	5		
2	焊缝外观质量	焊脚尺寸	8 ～ 9 mm 得 14 分；否则不得分	14		
		焊缝余高差	＞ 1.5 mm 不得分	14		
		焊缝接头	接头超高＞ 1.5 mm 不得分	7		
			有弧坑不得分			
		焊缝成形	过渡圆弧圆滑，成形美观得 7 分；否则不得分	7		
		气孔、夹渣、未熔合	有任意一项则该项不得分	14		
		弧坑	弧坑＞ 0.5 mm 不得分	7		
		咬边	深度＞ 0.5 mm 且长度＞ 5 mm 不得分	7		
3	“6S”管理实施情况	劳动保护用品	未按要求穿戴劳动保护用品不得分	8		
		焊接过程	焊接过程中有违反安全操作规程的现象不得分	8		
		现场清理	现场未清理干净，工具摆放不整齐不得分	4		
合计				100		

注：1．采用 5 倍放大镜检查表面气孔。
2．表面有裂纹、夹渣、未熔合、未焊透、焊穿等缺陷之一，外观按 0 分处理。
3．焊缝未盖面，焊件有修磨、补焊等破坏焊缝表面现象，该训练任务按 0 分处理。

四、药芯焊丝 CO_2 气体保护焊 T 形接头立角焊操作训练

1．观看教师操作、讲解及微课视频，总结药芯焊丝 CO_2 气体保护焊 T 形接头立角焊操作要领。

2．根据焊接工艺卡选择焊接参数进行立角焊技能练习，并将练习过程中存在的问题及解决措施记录在表 3–2–5 中。

表 3–2–5　　药芯焊丝 CO_2 气体保护焊 T 形接头立角焊操作中存在问题及解决措施

存在问题	解决措施

3．焊接操作训练完成后，各小组分工合作，针对每名组员任务完成情况进行评价，将评价结果填入表 3–2–6 中。

表 3–2–6　　药芯焊丝 CO_2 气体保护焊 T 形接头立角焊任务完成情况评分表

小组名称：________________　　组员姓名：________________

序号	考核内容	考核要点	评分标准	配分	扣分	得分
1	焊接准备	焊机、工具的焊前准备	按要求执行得 5 分；否则不得分	5		
		正确使用焊机	按要求使用得 5 分；否则不得分	5		
2	焊缝外观质量	焊脚尺寸	8 ~ 9 mm 得 14 分；否则不得分	14		
		焊缝余高差	＞ 1.5 mm 不得分	14		
		焊缝接头	接头超高＞ 1.5 mm 不得分	7		
			有弧坑不得分			
		焊缝成形	过渡圆弧圆滑，成形美观得 7 分；否则不得分	7		
		气孔、夹渣、未熔合	有任意一项则该项不得分	14		
		弧坑	弧坑＞ 0.5 mm 不得分	7		
		咬边	深度＞ 0.5 mm 且长度＞ 5 mm 不得分	7		
3	“6S”管理实施情况	劳动保护用品	未按要求穿戴劳动保护用品不得分	8		
		焊接过程	焊接过程中有违反安全操作规程的现象不得分	8		
		现场清理	现场未清理干净，工具摆放不整齐不得分	4		
合计				100		

注：1．采用 5 倍放大镜检查表面气孔。

2．表面有裂纹、夹渣、未熔合、未焊透、焊穿等缺陷之一，外观按 0 分处理。

3．焊缝未盖面，焊件有修磨、补焊等破坏焊缝表面现象，该训练任务按 0 分处理。

子活动 3　焊条电弧焊 T 形接头立角焊

在工字梁的焊接任务中已进行焊条电弧焊 T 形接头平角焊的学习与训练，本活动重点是在此基础上学习 T 形接头立角焊的焊条电弧焊，熟练掌握焊条电弧焊立角焊操作要领。

学习过程

一、焊件图和焊接工艺卡

1．焊件图（见图 3-2-9）

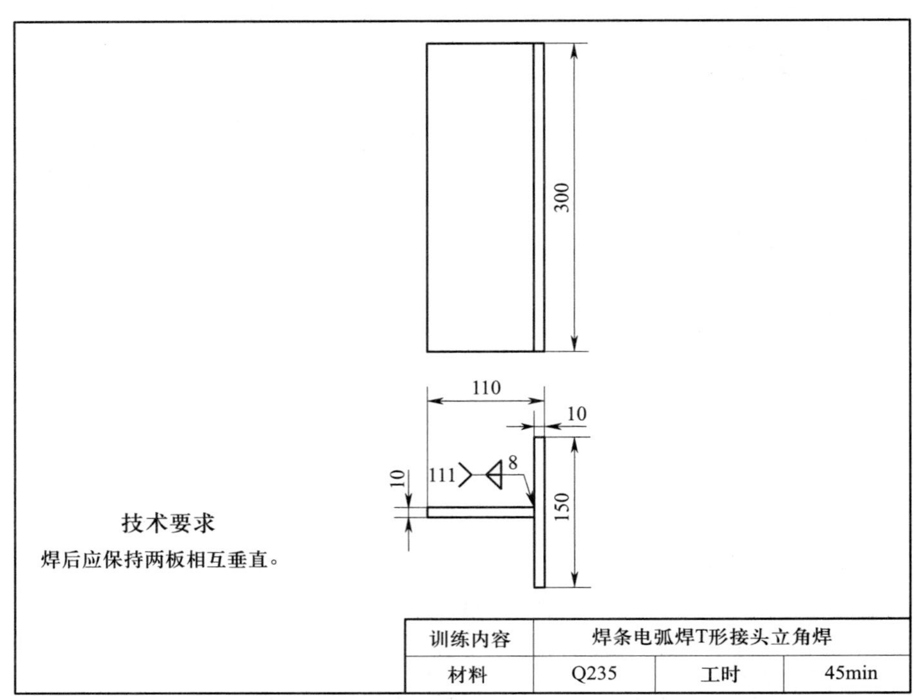

图 3-2-9　焊条电弧焊 T 形接头立角焊焊件图

2．焊接工艺卡（见表 3-2-7）

表 3-2-7　焊接工艺卡

工程名称	牛腿 T 形接头立角焊			工艺卡编号	03		
材料	Q235 钢	规格	板厚为 10 mm	焊接方法	焊条电弧焊	焊工资格	特种作业操作证
焊评编号	无		外观检验	按照国家标准《钢结构工程施工质量验收标准》（GB 50205—2020），采用外观检验，检验比例为 100%		合格等级	Ⅱ级
适用范围	低碳钢板 T 形接头立角焊焊缝						
焊接层次	焊接电流 /A	电弧电压 /V		焊接材料	焊条直径 /mm	电源种类和极性	
1	90 ~ 100	23 ~ 24		E5015	3.2	直流反接	
2	90 ~ 110						

续表

<table>
<tr><td>接头及
坡口形式</td><td>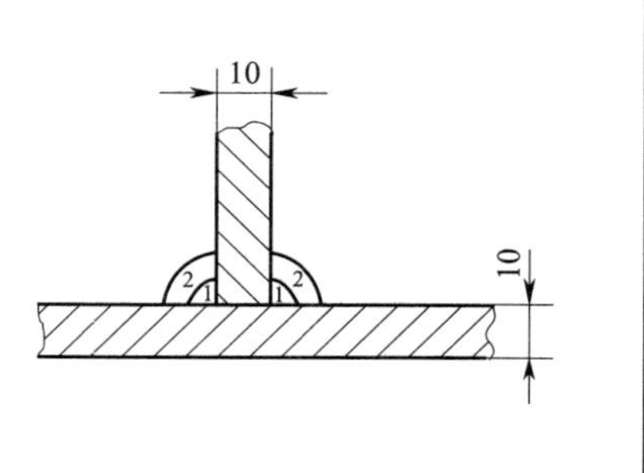
</td><td>焊
接
技
术
要
求</td><td>1. 在坡口及坡口边缘内、外侧各 20 mm 范围内，清除油污、锈蚀、氧化皮，直至露出金属光泽
2. 焊缝外观不允许有裂纹、未熔合、焊瘤、气孔、夹渣等任何缺陷
3. 焊接过程中，焊件不准改变焊接位置
4. 焊接完毕，应认真清理钢板表面的焊渣、飞溅物，不能破坏焊缝的原始表面
5. 尺寸符合图样要求</td></tr>
</table>

二、焊前准备

1．设备准备

根据焊件图和焊接工艺卡，选择合适的焊接电源并按要求进行设备连接。

焊接电源型号为______________，电源采用____________________。

2．工具准备

准备____等工具，确保能正常使用。

3．焊接材料准备

（1）焊条型号为______________，焊条直径为______________mm。

（2）焊条烘干温度为____________℃，烘干时间为______________h，随用随取。

4．焊件准备

焊接前应检查板厚是否符合图样要求，确认钢板材料正确。

采用角向磨光机、锉刀等将坡口及坡口边缘内、外侧各 20 mm 范围内的锈蚀、油污、氧化皮等清理干净，使其露出金属光泽。

三、焊条电弧焊立角焊操作训练

1．查阅资料后回答下列问题：

（1）焊条电弧焊立角焊的操作特点是什么？

（2）立角焊的操作要点及工艺

立角焊操作时为保证焊接质量，在焊接时应注意以下几点：

1）焊接电流。焊接电流应比平角焊__________。

2）焊条直径。焊接熔池的大小与焊条直径有很大关系，熔池过大，金属容易下淌，所以立角焊时焊条直径一般不超过__________mm。

（3）焊条角度

为了使两焊件能够均匀受热，形成熔池，在焊接时焊条应处于两焊件板面的角平分线上，并使焊条斜向上与焊件成__________角，利用电弧吹力对熔池向上的推力作用，使熔滴顺利过渡并托住熔池。

（4）采用短弧焊接

短弧是指焊接时电弧长度为焊条直径的__________倍。采用短弧焊接不仅能保证电弧精准地将熔滴过渡到位，避免高电压使熔池温度增加，同时更能防止空气进入熔池而产生__________。

（5）熔化金属的控制

立角焊与其他空间位置的焊接一样，关键是如何控制熔池的__________，焊接时根据熔池温度的高低，焊条要做有节奏的摆动，通过摆动使温度高的金属降低温度。一般来说，焊接时应始终将熔池形状保持为__________或__________，熔池形状与熔池温度的关系如图 3-2-10 所示。

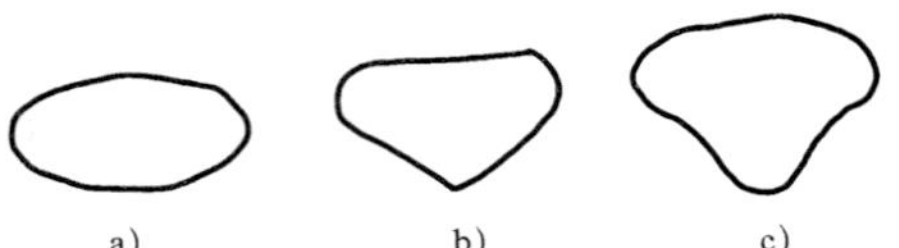

图 3-2-10　熔池形状与熔池温度的关系

a）正常　b) 温度稍高　c）温度过高

（6）焊条摆动的方法

焊条摆动即运条，它主要根据不同__________和__________的要求来选择。对于板厚较小、焊脚尺寸不大的焊缝，可采用直线往复运条；对于板厚较大、焊脚尺寸较大的焊缝，则采用月牙形、三角形、锯齿形运条。立角焊焊条角度与运条方法如图 3-2-11 所示。

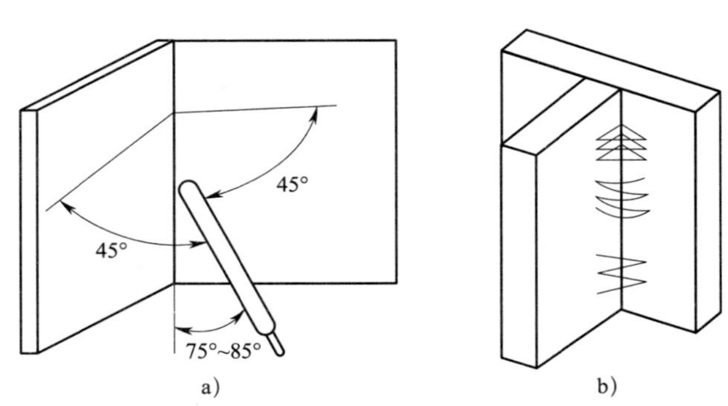

图 3-2-11　立角焊焊条角度与运条方法

a）焊条角度　b）运条方法

2．观看教师操作、讲解及微课视频，总结焊条电弧焊立角焊操作要领。

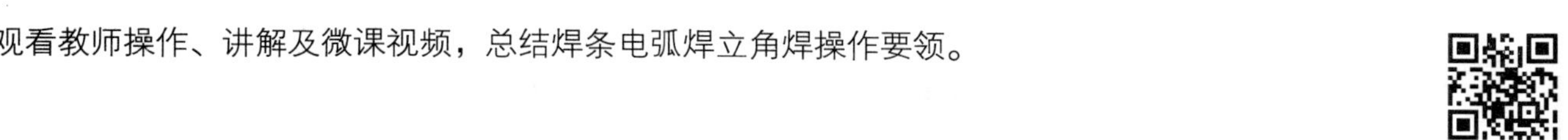

3．根据焊接工艺卡选择焊接参数进行立角焊技能练习，并将练习过程中存在的问题及解决措施记录在表 3–2–8 中。

表 3–2–8　　焊条电弧焊立角焊操作中存在问题及解决措施

存在问题	解决措施

4．焊接操作训练完成后，各小组分工合作，针对每名组员任务完成情况进行评价，将评价结果填入表 3–2–9 中。

表 3–2–9　　焊条电弧焊立角焊任务完成情况评分表

小组名称：________________　　组员姓名：________________

序号	考核内容	考核要点	评分标准	配分	扣分	得分
1	焊接准备	焊机、工具的焊前准备	按要求执行得 5 分；否则不得分	5		
		正确使用焊机	按要求使用得 5 分；否则不得分	5		
2	焊缝外观质量	焊脚尺寸	8 ~ 9 mm 得 14 分；否则不得分	14		
		焊缝余高差	>1.5 mm 不得分	14		
		焊缝接头	接头超高＞ 1.5 mm 不得分	7		
			有弧坑不得分			
		焊缝成形	过渡圆弧圆滑，成形美观得 7 分；否则不得分	7		
		气孔、夹渣、未熔合	有任意一项则该项不得分	14		
		弧坑	弧坑 >0.5 mm 不得分	7		
		咬边	深度 >0.5 mm 且长度 >5 mm 不得分	7		
3	“6S”管理实施情况	劳动保护用品	未按要求穿戴劳动保护用品不得分	8		
		焊接过程	焊接过程中有违反安全操作规程的现象不得分	8		
		现场清理	现场未清理干净，工具摆放不整齐不得分	4		
合计				100		

注：1．采用 5 倍放大镜检查表面气孔。

2．表面有裂纹、夹渣、未熔合、未焊透、焊穿等缺陷之一，外观按 0 分处理。

3．焊缝未盖面，焊件有修磨、补焊等破坏焊缝表面现象，该训练任务按 0 分处理。

子活动 4 学习活动评价

根据学习活动 2 的学习过程，完成本学习活动评价，将评价结果填入表 3-2-10 中。

表 3-2-10 学习活动评价

<table>
<tr><td colspan="2">学习活动名称</td><td></td><td>小组名称</td><td></td><td>组员姓名</td><td colspan="4"></td></tr>
<tr><td colspan="2" rowspan="3">评价项目</td><td rowspan="3">评价内容</td><td colspan="2" rowspan="3">评价标准</td><td rowspan="3">分值</td><td colspan="3">评价方式</td><td rowspan="3">得分小计</td></tr>
<tr><td>自我评价</td><td>小组评价</td><td>教师评价</td></tr>
<tr><td>10%</td><td>40%</td><td>50%</td></tr>
<tr><td rowspan="4">关键能力</td><td rowspan="2">社会能力</td><td>团队协作能力</td><td colspan="2">团队合作意识强，有效发挥个人作用</td><td>10</td><td></td><td></td><td></td><td></td></tr>
<tr><td>沟通表达能力</td><td colspan="2">沟通能力强，表达准确、规范</td><td>10</td><td></td><td></td><td></td><td></td></tr>
<tr><td rowspan="2">方法能力</td><td>学习方法能力</td><td colspan="2">自主学习能力强，学习方法正确</td><td>10</td><td></td><td></td><td></td><td></td></tr>
<tr><td>解决问题能力</td><td colspan="2">解决问题方法正确，措施得当</td><td>10</td><td></td><td></td><td></td><td></td></tr>
<tr><td colspan="2" rowspan="5">专业能力</td><td>安全、文明操作能力</td><td colspan="2">劳动保护用品穿戴整齐，劳动纪律贯彻严格，“6S”管理开展有序</td><td>10</td><td></td><td></td><td></td><td></td></tr>
<tr><td>工艺文件识读能力</td><td colspan="2">明确焊件图及焊接工艺卡技术要求、质量要求</td><td>10</td><td></td><td></td><td></td><td></td></tr>
<tr><td>焊前准备能力</td><td colspan="2">设备、工具、焊件、焊接材料准备妥当，焊件装配及定位焊符合图样要求</td><td>10</td><td></td><td></td><td></td><td></td></tr>
<tr><td>焊接操作能力</td><td colspan="2">设备和工具使用规范，操作要领运用熟练，焊接质量达到要求，工艺措施得当，焊后清理干净、整洁，设备和工具保养良好</td><td>20</td><td></td><td></td><td></td><td></td></tr>
<tr><td>焊后检验能力</td><td colspan="2">检验工具使用熟练，检验结果记录科学，检验表格填写规范</td><td>10</td><td></td><td></td><td></td><td></td></tr>
<tr><td colspan="2">指导教师综合评价</td><td colspan="8">得分总计：

指导教师签名： 日期：</td></tr>
</table>

学习活动3 制订计划

学习目标

1. 能通过技术交底和有效沟通明确牛腿的焊接顺序、质量控制关键点、特殊要求、质量检验方法等，确定相应的缺陷预防和质量控制措施。

2. 能根据产品加工流程编写牛腿焊接工作计划。

3. 能集体讨论、审定工作计划。

4. 能根据审定意见完善工作计划。

学习活动描述

通过制订计划，明确牛腿的装配、焊接步骤以及人员分工、时间节点等，可以实现资源的优化配置，提高工作效率，增强小组组员工作积极性与主动性。因此，制订计划是任务实施前必不可少的环节。

子活动与建议学时

子活动 1　工作计划编写　2 学时
子活动 2　工作计划审定　2 学时
子活动 3　学习活动评价　1 学时

学习准备

资料与材料：工作页、技术标准、焊接工艺文件、专业书籍等。

设备与工具：多媒体教学设备等。

子活动 1　工作计划编写

焊接结构从原材料到成品需要经过设计、下料、装配、焊接、检验等诸多环节。完成牛腿焊接这一工作任务需要工程技术人员对牛腿焊接的各环节做好规划和安排。

学习过程

一、加工工艺分析

1．回忆工字梁与桁架的焊接过程，结合任务反思与总结，现要完成牛腿的焊接任务，使产品满足技术要求和质量要求，应从哪几个角度进行分析?

2．牛腿常用来作为起重机悬臂梁滑轨的支承结构，通过分析牛腿的结构与功能，说出牛腿哪些尺寸是必须严格控制的关键尺寸。

3．查阅相关资料，了解牛腿常见的焊接缺陷，这些缺陷应如何进行预防与消除？通过小组讨论，用PPT 进行展示。

二、工作计划编写

1．结合学习活动 1 焊接工艺卡、牛腿焊接工艺流程和学习活动 2 中技能准备的学习情况，完成下列问题，各小组派代表说明理由。

（1）写出完成本学习任务的工艺流程。

（2）在完成本学习任务中各小组需要做好哪些工作?

2．根据牛腿焊接工艺流程及具体工作内容，各组组员相互交流，明确各环节工作要求、负责人和用时，编写小组工作计划，填至表 3–3–1 中。

表 3–3–1　　牛腿焊接工作计划

小组名称：________________　　日期：______年____月____日

序号	工作内容	工作要求	负责人	用时
1				
2				
3				
4				
5				
6				
7				
8				
9				
10				

子活动 2　工作计划审定

工作计划审定是对初定计划的审核与确定。对初定计划进行讨论、分析，去除不合理、不正确的内容，优化各小组工作计划。

学习过程

一、展示小组工作计划，阐述编写内容和依据。

二、教师审定各组工作计划，分析各组工作计划中存在的问题，提出意见或建议。各小组将相关内容记录在表 3–3–2 中。

表 3–3–2　　工作计划修改记录

小组名称：________________　　日期：______年____月____日

序号	存在问题	修改意见
1		
2		
3		
4		
5		
6		
7		

三、根据各组审定意见和教师点评，各小组对工作计划进行修改及完善，填写表 3-3-3。

表 3-3-3　　牛腿焊接实际工作计划

小组名称：________________　　日期：______年____月____日

序号	工作内容	工作要求	负责人	用时
1				
2				
3				
4				
5				
6				
7				
8				
9				
10				

子活动 3　学习活动评价

根据学习活动 3 的学习过程，完成本学习活动评价，将评价结果填入表 3–3–4 中。

表 3–3–4　学习活动评价

<table>
<tr><td colspan="2">学习活动名称</td><td></td><td>小组名称</td><td></td><td>组员姓名</td><td colspan="4"></td></tr>
<tr><td colspan="2" rowspan="3">评价项目</td><td rowspan="3">评价内容</td><td colspan="2" rowspan="3">评价标准</td><td rowspan="3">分值</td><td colspan="3">评价方式</td><td rowspan="3">得分小计</td></tr>
<tr><td>自我评价</td><td>小组评价</td><td>教师评价</td></tr>
<tr><td>10%</td><td>40%</td><td>50%</td></tr>
<tr><td rowspan="4">关键能力</td><td rowspan="2">社会能力</td><td>团队协作能力</td><td colspan="2">团队合作意识强，有效发挥个人作用</td><td>15</td><td></td><td></td><td></td><td></td></tr>
<tr><td>沟通表达能力</td><td colspan="2">沟通能力强，表达准确、规范</td><td>20</td><td></td><td></td><td></td><td></td></tr>
<tr><td rowspan="2">方法能力</td><td>学习方法能力</td><td colspan="2">自主学习能力强，学习方法正确</td><td>10</td><td></td><td></td><td></td><td></td></tr>
<tr><td>解决问题能力</td><td colspan="2">解决问题方法正确，措施得当</td><td>20</td><td></td><td></td><td></td><td></td></tr>
<tr><td colspan="2" rowspan="2">专业能力</td><td>安全、文明操作能力</td><td colspan="2">劳动保护用品穿戴整齐，劳动纪律贯彻严格，“6S”管理开展有序</td><td>15</td><td></td><td></td><td></td><td></td></tr>
<tr><td>工艺分析能力</td><td colspan="2">工艺流程制定合理，关键质量控制点识别准确</td><td>20</td><td></td><td></td><td></td><td></td></tr>
<tr><td colspan="2">指导教师综合评价</td><td colspan="8">得分总计：

指导教师签名：　　　　　　　　　　　　日期：</td></tr>
</table>

学习活动4　任 务 实 施

学习目标

1. 能根据工作计划完成牛腿焊前各项准备工作。

2. 能根据焊接工艺文件进行牛腿装配，确认装配质量符合要求。

3. 能根据牛腿的结构和焊接变形特点，合理安排焊接顺序，确定合理的预防焊接变形措施。

4. 能严格执行焊接工艺文件，熟练运用药芯焊丝 CO_2 气体保护焊完成牛腿焊接。

5. 能解决牛腿焊接工作过程中的常见和复杂问题。

学习活动描述

通过前面的技能学习和工作准备活动，掌握了板对接角焊缝的药芯焊丝 CO_2 气体保护焊技能和方法后，严格按照焊接工艺文件中的焊接参数完成牛腿焊接。

子活动与建议学时

子活动 1　焊前准备　　　1 学时

子活动 2　装配与焊接　　20 学时

子活动 3　学习活动评价　1 学时

学习准备

资料与材料：工作页、技术标准、焊接工艺文件、专业书籍、钢板、药芯焊丝、焊条、CO_2 气体（纯度≥ 99.5%）等。

设备与工具：多媒体教学设备、CO_2 气体保护焊设备、焊条电弧焊设备、焊接辅助工具、夹具、通风及除尘设备等。

子活动 1 焊 前 准 备

牛腿焊前准备主要有焊接设备、材料、工具和场地准备以及焊前安全检查等内容，焊工需要做好焊接的个人安全防护工作，以保障焊接的顺利实施。

学习过程

一、设备、材料和工具准备

1．设备

（1）____________设备，包括____。

（2）焊条电弧焊设备型号为____________。

2．焊件：____________________________。

3．焊接材料：____。

4．劳动保护用品：____等。

5．焊接辅助工具：____。

6．测量工具：____等。

二、焊前准备

焊前需对____________等进行安全检查，填写安全检查点检表，见表 3–4–1。

表 3–4–1 安全检查点检表

检查项目	是否正常（正常打“√”，异常打“×”）	异常情况处理方法
场地周围无易燃、易爆物品		

续表

检查项目	是否正常（正常打"√"，异常打"×"）	异常情况处理方法
环境湿度符合要求		
焊接平台和夹具稳定可靠		
焊机一次侧线连接无松动、裸露		
焊机二次侧线连接无松动、裸露		
焊机控制面板调节功能正常		
焊钳、焊枪无损坏		
焊接功能正常		
供气系统正常		
冷却系统正常		

1．焊缝坡口的加工及装配尺寸应符合________________的规定，可以自行加工，也可以外购已经加工好的板材。外购的板材需要进行__________________等检验。

2．施焊前坡口两侧各____________mm 范围内要打磨干净，焊丝表面要去除油污、锈蚀，直至露出金属光泽，以防油污、锈蚀等进入熔池而影响焊接质量。

子活动 2　装配与焊接

装配和焊接是牛腿焊接中最主要的施工环节。装配质量的高低影响焊接工作能否顺利进行，焊接参数的选用和焊接操作手法决定着焊接质量的好坏。

学习过程

一、工艺分析

牛腿可简化为带肋板的工字梁，通过分析回答下列问题：

1．如果该牛腿用于承托吊车梁，则牛腿在吊车工作状态下受力情况如何？试在图 3–4–1 所示的牛腿结构上作出受力图。

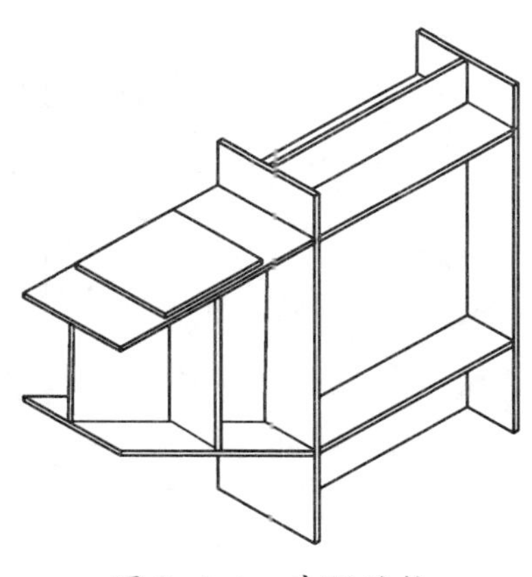

图 3–4–1　牛腿结构

2．牛腿柱体部分上下各两块肋板（见图 3–4–2）分别起什么作用？

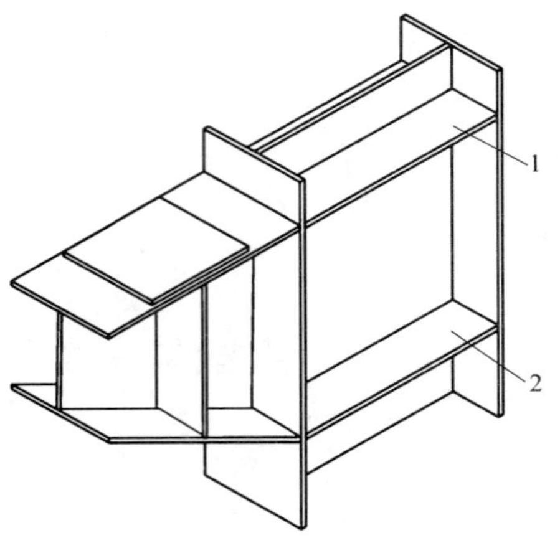

图 3-4-2　牛腿柱体部分的肋板

1—上肋板　2—下肋板

3．哪些焊缝是牛腿结构中比较重要的焊缝？在图 3-4-3 中表示出来，并说明理由。

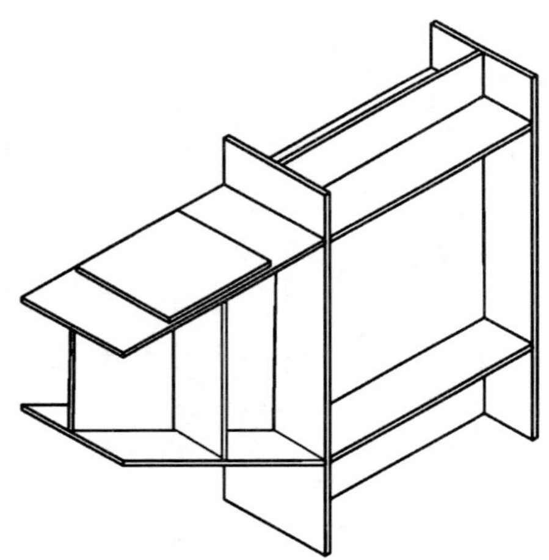

图 3-4-3　牛腿结构中的焊缝

4．为避免产生应力集中、层状撕裂等缺陷，可以采取哪些工艺措施？查阅资料，经小组讨论后将结论记录下来。

5．钢结构有整装整焊与随装随焊两种焊接方式，牛腿的焊接应该采用哪种方式？为什么？

6．分析图 3–4–4 所示的牛腿图样，为了提高产品制造精度，在装配及焊接时应尽量选择统一的基准，并尽量减少尺寸链，以降低累积误差。试结合图样说明板 1 和板 2 哪个更适合作为基准？

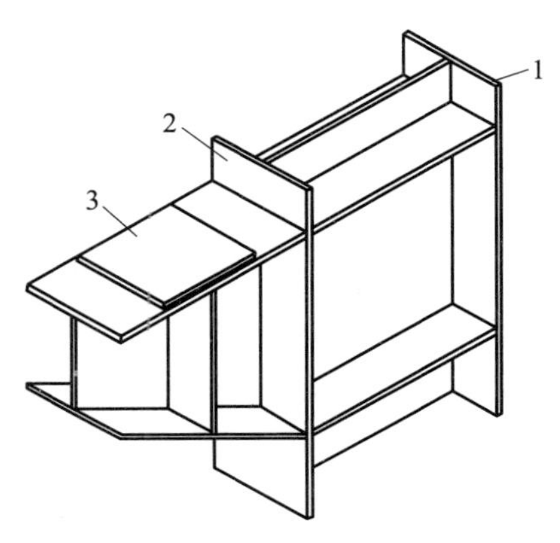

图 3–4–4　牛腿结构的基准

小贴士

基准与尺寸链

在零件图或实际的零件上，用来确定其他点、线、面位置时所依据的那些点、线、面称为基准。

按功用不同，基准可分为设计基准和工艺基准。零件工作图上用来确定其他点、线、面位置的基准称为设计基准。

工艺基准是指加工、测量和装配过程中使用的基准，又称制造基准。

在零件加工或机器装配过程中，相互联系并按一定顺序排列的封闭尺寸组合称为尺寸链。

7．如果该牛腿最终用于安装起重机悬臂梁滑轨，应如何设计装配及焊接工艺才能使滑轨安装平面处于水平？小组讨论后将结论记录下来。

8．为了减小应力集中，应避免多条焊缝相互交叉，并尽量保证焊缝的连续性，因此，应在某些三向交叉焊缝处设置过焊孔，以避免焊缝交叉，试在图 3-4-5 中指出牛腿结构的哪些位置应设置过焊孔。

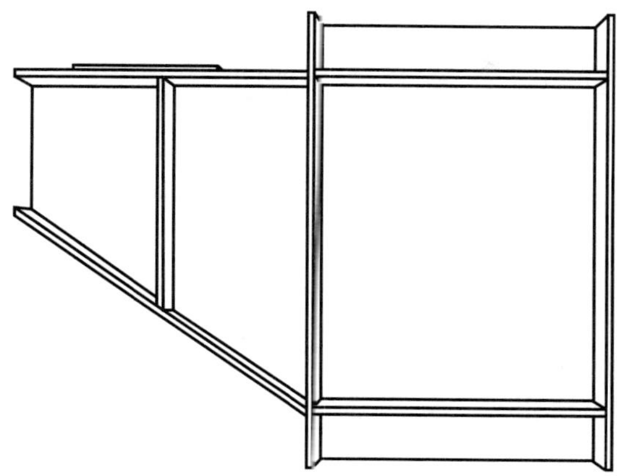

图 3-4-5　牛腿结构的过焊孔

二、牛腿装配焊接过程记录

1．结合以上思考，各组进行学习任务的进一步细化与分工，按照图样进行牛腿的装配与焊接，并将整个工作过程如实、完整地记录下来，填入表 3-4-2 中。

表 3-4-2

工作过程记录表

序号	工作内容	人员分工	成果图片（拍摄后打印并粘贴）	工艺方法或焊接参数	辅助工具	检测手段	存在问题	解决方法
1								
2								
3								
4								
5								

续表

序号	工作内容	人员分工	成果图片（拍摄后打印并粘贴）	工艺方法或焊接参数	辅助工具	检测手段	存在问题	解决方法
6								
7								
8								
9								
10								
11								

2．记录牛腿焊接过程中出现的质量问题并找出合理的解决方法，填入表 3–4–3 中。

表 3–4–3　质量问题记录表

质量问题	解决方法

3．分组总结牛腿焊接任务实施过程，形成书面总结报告（不少于 300 字）。

子活动 3　学习活动评价

根据学习活动 4 的学习过程，完成本学习活动评价，将评价结果填入表 3-4-4 中。

表 3-4-4　学习活动评价

<table>
<tr><td colspan="2">学习活动名称</td><td></td><td>小组名称</td><td></td><td>组员姓名</td><td colspan="4"></td></tr>
<tr><td colspan="2" rowspan="3">评价项目</td><td rowspan="3">评价内容</td><td colspan="2" rowspan="3">评价标准</td><td rowspan="3">分值</td><td colspan="3">评价方式</td><td rowspan="3">得分小计</td></tr>
<tr><td>自我评价</td><td>小组评价</td><td>教师评价</td></tr>
<tr><td>10%</td><td>40%</td><td>50%</td></tr>
<tr><td rowspan="4">关键能力</td><td rowspan="2">社会能力</td><td>团队协作能力</td><td colspan="2">团队合作意识强，有效发挥个人作用</td><td>5</td><td></td><td></td><td></td><td></td></tr>
<tr><td>沟通表达能力</td><td colspan="2">沟通能力强，表达准确、规范</td><td>5</td><td></td><td></td><td></td><td></td></tr>
<tr><td rowspan="2">方法能力</td><td>学习方法能力</td><td colspan="2">自主学习能力强，学习方法正确</td><td>5</td><td></td><td></td><td></td><td></td></tr>
<tr><td>解决问题能力</td><td colspan="2">解决问题方法正确，措施得当</td><td>5</td><td></td><td></td><td></td><td></td></tr>
<tr><td colspan="2" rowspan="4">专业能力</td><td>安全、文明操作能力</td><td colspan="2">劳动保护用品穿戴整齐，劳动纪律贯彻严格，“6S”管理开展有序</td><td>10</td><td></td><td></td><td></td><td></td></tr>
<tr><td>工艺分析能力</td><td colspan="2">装配及焊接顺序、焊件变形控制措施制定得当，焊前预热及焊后保温、缓冷措施到位</td><td>20</td><td></td><td></td><td></td><td></td></tr>
<tr><td>焊前准备能力</td><td colspan="2">设备、工具、焊件、焊接材料准备妥当，焊件装配及定位焊符合图样要求</td><td>20</td><td></td><td></td><td></td><td></td></tr>
<tr><td>焊接操作能力</td><td colspan="2">设备、工具使用规范，操作要领运用熟练，焊接质量达到要求，工艺措施得当，焊后清理干净、整洁，设备、工具保养良好</td><td>30</td><td></td><td></td><td></td><td></td></tr>
<tr><td colspan="2">指导教师综合评价</td><td colspan="8">得分总计：

指导教师签名：　　　　　　　　日期：</td></tr>
</table>

学习活动 5　焊接质量检验与返修

学习目标

1. 能熟知牛腿验收标准。

2. 能正确使用焊缝测量工具进行牛腿焊缝外观质量检验并记录数据。

3. 能读懂焊缝返修通知单，明确返修要求。

4. 能正确选用返修设备、工具，清除焊接缺陷。

5. 能遵循返修工艺完成焊缝缺陷返修工作。

学习活动描述

在焊接生产过程中，由于各种原因，往往会在焊接接头区域内产生不符合设计要求的焊接缺陷。焊接缺陷的存在会直接影响焊接产品的使用性能和安全性，轻则导致产品报废，重则发生安全生产事故。因此，要在整个焊接作业中对焊接区域进行质量检验，并对不合格的焊接产品进行返修。

子活动与建议学时

子活动 1	焊接质量检验	3 学时
子活动 2	缺陷返修	4 学时
子活动 3	学习活动评价	1 学时

学习准备

资料与材料：工作页、技术标准、焊接工艺文件、专业书籍等。

设备与工具：多媒体教学设备、焊接检验尺、钢直尺、放大镜等。

子活动 1　焊接质量检验

焊接质量检验是发现焊接缺陷、避免发生安全事故的主要措施。根据检验部位不同，焊接质量检验可分为外观质量检验和内部质量检验。根据是否对接头产生破坏，可分为破坏性检验、非破坏性检验。

学习过程

一、牛腿焊缝外观质量检验标准

牛腿焊缝外观质量执行国家标准《钢结构工程施工质量验收标准》（GB 50205—2020）中无疲劳验算要求的钢结构焊缝外观质量要求，见表 3–5–1。

表 3–5–1　无疲劳验算要求的钢结构焊缝外观质量要求

检查项目	焊缝质量等级		
	一级	二级	三级
裂纹	不允许	不允许	不允许
未焊满	不允许	≤ 0.2 mm+0.02t 且≤ 1 mm，每 100 mm 长度焊缝内未焊满累计长度≤ 25 mm	≤ 0.2 mm+0.04t 且 ≤ 2 mm，每 100 mm 长度焊缝内未焊满累计长度≤ 25 mm
根部收缩	不允许	≤ 0.2 mm+0.02t 且≤ 1 mm，长度不限	≤ 0.2 mm +0.04t 且≤ 2 mm，长度不限
咬边	不允许	≤ 0.05t 且≤ 0.5 mm；连续长度≤ 100 mm，且焊缝两侧咬边总长≤ 10% 焊缝全长	≤ 0.1t 且≤ 1 mm，长度不限
电弧擦伤	不允许	不允许	允许存在个别电弧擦伤
接头不良	不允许	缺口深度≤ 0.05t 且 ≤ 0.5 mm，每 1 000 mm 长度焊缝内不得超过一处	缺口深度≤ 0.1t 且≤ 1 mm，每 1 000 mm 长度焊缝内不得超过一处
表面气孔	不允许	不允许	每 50 mm 长度焊缝内允许存在直径＜ 0.4t 且≤ 3 mm 的气孔两个，孔距应≥ 6 倍孔径
表面夹渣	不允许	不允许	深≤ 0.2t，长≤ 0.5t 且≤ 20 mm

注：t 为接头较薄件母材厚度。

二、牛腿的质量检验

对牛腿角接焊缝进行外观质量检验，并将检验结果记录到表 3–5–2 中。

表 3-5-2　　牛腿焊缝外观质量检验记录表

检查项目	检验方法及工具	检查要求	检测值	处置措施
焊缝余高差	焊接检验尺和钢直尺	≤ 1.5 mm		
焊脚尺寸 K	焊接检验尺和钢直尺	8 mm ≤ K ≤ 9 mm		
咬边	低倍放大镜和钢直尺	无		
夹渣	低倍放大镜	无		
气孔	低倍放大镜	无		
未焊透	低倍放大镜和钢直尺	无		
裂纹	低倍放大镜	无		
焊缝表面成形	低倍放大镜	波纹细腻、均匀、美观		
角变形	钢直尺和水平仪	≤ 3°		
牛腿总长度	钢直尺	（1 020 ± 2）mm		
牛腿总宽度	钢直尺	（250 ± 2）mm		
牛腿总高度	钢直尺	（800 ± 2）mm		

子活动 2　缺 陷 返 修

焊接缺陷的存在不仅影响外观，也影响产品的使用，留下安全隐患。因此，必须将不符合要求的焊接缺陷进行清除、补焊，使其达到质量要求。

学习过程

一、返修通知单

根据牛腿焊接质量检验结果，如发现超出标准要求的缺陷，由检验人员填写焊缝返修通知单（见表 3-5-3），通知焊接人员进行焊缝返修。

表 3-5-3　　焊缝返修通知单

<table>
<tr><td colspan="5">焊缝返修通知单</td><td colspan="2" rowspan="2">编号：
返修次数：
签发人：</td></tr>
<tr><td>产品名称</td><td>牛腿</td><td>产品编号</td><td colspan="2"></td></tr>
<tr><td>材料牌号</td><td>施焊单位</td><td>厚度 /mm</td><td>焊工代号</td><td colspan="2">检测方法</td><td>焊接方法</td></tr>
<tr><td>Q235</td><td></td><td>10</td><td></td><td colspan="2">外观检验</td><td></td></tr>
</table>

续表

缺陷部位	检验报告编号	缺陷长度	缺陷性质	缺陷位置	评定级别	检测日期	返修次数

缺陷核实情况及返修意见	经核实存在缺陷，用砂轮机打磨，至缺陷清除，按制定的焊缝返修工艺进行返修 核实者（签字）：____________ 日　　期：______年___月___日	焊接负责人审批	同意返修 审批（签字）：____________ 日　　期：______年___月___日

	焊层	焊接方法	焊接材料		焊接电流 /A	电弧电压 /V	焊接速度 /(mm/min)	
			型号	规格 /mm				
返修工艺								返修自检结果：
								返修焊工姓名：
								返修焊工代号：
								返修日期：
								自检签字：
施焊记录								专检检验结果：
								专检人员签字：
								日期：

返修流转程序：
一次返修、二次返修：检验员→生产车间→焊接工艺员→焊接负责人→焊接工艺员→生产车间→检验员→归档
三次返修：检验员→焊接工艺员→焊接负责人→质量工程师→焊接负责人→焊接工艺员→生产车间→检验员→归档

二、焊缝返修

1．填写焊缝缺陷返修工作小组分工情况记录表，见表 3–5–4。

表 3–5–4　　小组分工情况记录表

项目	分工	职责	工作内容	备注

2．各小组汇报焊缝缺陷返修所需材料和工具，填写表 3–5–5。

表 3–5–5　　返修材料和工具表

序号	名称	型号	用途	备注
1				
2				
3				
4				
5				

续表

序号	名称	型号	用途	备注
6				
7				
8				
9				
10				

3．以小组为单位进行焊缝缺陷返修，对焊接工艺要点进行记录并汇报。

4．记录焊缝缺陷返修过程中出现的质量问题，并找出合理的解决方案，填写表 3–5–6。

表 3–5–6　质量问题解决方案分析

质量问题	解决方案

5．小组对返修后的自检情况进行汇报，并将汇报内容记录下来。

子活动 3　学习活动评价

根据学习活动 5 的学习过程，完成本学习活动评价，将评价结果填入表 3–5–7 中。

表 3–5–7　　学习活动评价

<table>
<tr><td colspan="2">学习活动名称</td><td></td><td>小组名称</td><td></td><td>组员姓名</td><td colspan="4"></td></tr>
<tr><td colspan="2" rowspan="3">评价项目</td><td rowspan="3">评价内容</td><td colspan="2" rowspan="3">评价标准</td><td rowspan="3">分值</td><td colspan="3">评价方式</td><td rowspan="3">得分小计</td></tr>
<tr><td>自我评价</td><td>小组评价</td><td>教师评价</td></tr>
<tr><td>10%</td><td>40%</td><td>50%</td></tr>
<tr><td rowspan="4">关键能力</td><td rowspan="2">社会能力</td><td>团队协作能力</td><td colspan="2">团队合作意识强，有效发挥个人作用</td><td>5</td><td></td><td></td><td></td><td></td></tr>
<tr><td>沟通表达能力</td><td colspan="2">沟通能力强，表达准确、规范</td><td>5</td><td></td><td></td><td></td><td></td></tr>
<tr><td rowspan="2">方法能力</td><td>学习方法能力</td><td colspan="2">自主学习能力强，学习方法正确</td><td>5</td><td></td><td></td><td></td><td></td></tr>
<tr><td>解决问题能力</td><td colspan="2">解决问题方法正确，措施得当</td><td>5</td><td></td><td></td><td></td><td></td></tr>
<tr><td colspan="2" rowspan="5">专业能力</td><td>安全、文明操作能力</td><td colspan="2">劳动保护用品穿戴整齐，劳动纪律贯彻严格，“6S”管理开展有序</td><td>15</td><td></td><td></td><td></td><td></td></tr>
<tr><td>工艺文件识读能力</td><td colspan="2">正确识读焊缝返修通知单，明确缺陷位置及性质</td><td>10</td><td></td><td></td><td></td><td></td></tr>
<tr><td>工艺分析能力</td><td colspan="2">正确制定返修工艺</td><td>10</td><td></td><td></td><td></td><td></td></tr>
<tr><td>焊后检验能力</td><td colspan="2">检验工具使用熟练，检验结果记录科学，检验表格填写规范</td><td>20</td><td></td><td></td><td></td><td></td></tr>
<tr><td>焊后返修能力</td><td colspan="2">返修措施执行到位，返修质量符合要求，返修结果记录完整</td><td>25</td><td></td><td></td><td></td><td></td></tr>
<tr><td colspan="2">指导教师综合评价</td><td colspan="8">得分总计：

指导教师签名：　　　　　　　　日期：</td></tr>
</table>

学习活动 6　总结与评价

学习目标

1. 通过对整个工作过程的叙述，培养良好的沟通及表达能力。

2. 通过成果展示，培养良好的专业能力、社会能力和方法能力。

3. 使学生反思工作过程中存在的不足，为今后的工作积累经验。

学习活动描述

对整个工作进行总结并展示自己的工作成果，提高表达能力和综合素质。同时通过学习活动认识到自己在完成学习任务中的缺点和不足，为今后改进和成长提供帮助。

子活动与建议学时

子活动 1　工作总结　　　　2 学时

子活动 2　学习任务评价　　1 学时

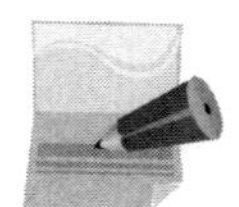

学习准备

资料与材料：工作页、技术标准、焊接工艺文件、专业书籍等。

设备与工具：多媒体教学设备等。

子活动 1　工 作 总 结

在完成牛腿焊接的整个过程中，有个人知识的增长和技能的提升，也有交流能力、团队精神等方面的培养。总结学习过程中的得失，展示真实的自我。

学习过程

1．小组组员制作 PPT，汇报本组工作收获及创新工作情况，在以下空白处写出具体汇报内容。

2．结合各小组汇报展示情况，各组反思学习任务完成情况，填写表 3–6–1。

表 3–6–1　　学习任务完成情况

内容名称	做得好的方面	存在问题及分析	解决方法	备注
明确工作任务				
技能准备				
制订计划				
任务实施				
焊接质量检验与返修				
小组总结				

3．每位同学写一份工作总结，字数不少于 300 字。

子活动 2　学习任务评价

牛腿焊接学习任务包含明确工作任务、技能准备、制订计划、任务实施、焊接质量检验与返修等学习活动。通过学习任务评价可以反映个人学习目标的达成情况，促进个人综合职业能力的提高。

学习过程

完成学习任务评价，见表 3–6–2。

表 3-6-2　　学习任务评价

学习活动名称			小组名称		组员姓名				
评价项目		评价内容	评价标准		分值	评价方式			得分小计
						自我评价	小组评价	教师评价	
						10%	40%	50%	
关键能力	社会能力	团队协作能力	团队合作意识强，有效发挥个人作用		10				
		沟通表达能力	沟通能力强，表达准确、规范		10				
	方法能力	学习方法能力	自主学习能力强，学习方法正确		10				
		解决问题能力	解决问题方法正确，措施得当		10				
专业能力		工艺文件识读能力	关键信息提取准确，技术要求理解全面		15				
		焊接基础技能	熟练掌握T形接头平角焊、立角焊药芯焊丝 CO_2 气体保护焊及焊条电弧焊操作要领		15				
		牛腿焊接质量	总体尺寸、焊缝质量符合技术要求		15				
		检验与返修能力	检验方法科学，检验结果准确，返修质量符合要求		15				
指导教师综合评价		得分总计： 指导教师签名：　　　　日期：							